模糊数学原理
及其实践应用研究

贾凤玲　著

天津出版传媒集团
天津科学技术出版社

图书在版编目(CIP)数据

模糊数学原理及其实践应用研究 / 贾凤玲著. -- 天津 : 天津科学技术出版社, 2024.5

ISBN 978-7-5742-2148-2

Ⅰ. ①模… Ⅱ. ①贾… Ⅲ. ①模糊数学－研究 Ⅳ. ①O159

中国国家版本馆CIP数据核字(2024)第098389号

模糊数学原理及其实践应用研究

MOHU SHUXUE YUANLI JIQI SHIJIAN YINGYONG YANJIU

责任编辑：曹　阳

责任印制：兰　毅

出　　版：天津出版传媒集团
　　　　　天津科学技术出版社

地　　址：天津市和平区西康路35号

邮　　编：300051

电　　话：（022）23332377

网　　址：www.tjkjcbs.com.cn

发　　行：新华书店经销

印　　刷：河北万卷印刷有限公司

开本 710×1000　1/16　印张 17　字数 220 000

2024年5月第1版第1次印刷

定价：98.00元

前　言

本书致力于深入探讨模糊数学的理论基础、应用方法及其在多个领域的实际应用。

第 1 章介绍了模糊集合的定义、性质以及相关运算。特别地，模糊集合的截集及隶属度概念，为理解模糊集合提供了基础框架。

第 2 章探讨了模糊集合的贴近度以及模糊模式识别的基本原则，包括最大隶属原则和择近原则，为模式识别问题提供了模糊数学视角的解决方案。

第 3 章不仅详细论述了模糊关系的定义与合成性质，以及模糊等价关系和模糊兼容关系的概念，还探讨了模糊映射及模糊转换的应用。

第 4 章涵盖了模糊命题与模糊逻辑运算、模糊语言及模糊推理，为理解模糊逻辑提供了全面的理论支持。

第 5 章着重讨论了模糊矩阵、模糊聚类的基本概念、常见的模糊聚类算法及其在实际中的应用，从而展示了模糊数学在数据分析中的重要作用。

第 6 章介绍了模糊意见集中决策、模糊二元对比决策和模糊综合评判决策方法，以及权重的确定方法，强调了模糊数学在决策分析中的应用。

第 7 章探讨了模糊线性规划、模糊非线性规划、模糊多目标优化问题以及模糊约束优化技术，为解决优化问题提供了模糊数学方法。

第 8 章详细论述了模糊系统建模的原理、模糊神经网络、模糊系统的稳定性分析以及模型的验证与评估，展示了模糊数学在系统建模中的重要作用。

第 9 章探讨了模糊数学在金融、生物医学工程、环境科学以及人工智能领域的应用，展示了其广泛的应用前景。

本书旨在为读者提供全面理解模糊数学的坚实基础，不仅适合数学、工程、计算机科学及相关领域的专业人士，还适合对模糊数学感兴趣的广泛读者。通过本书，读者能够深入理解模糊数学的理论和应用，以及其在现实世界问题解决中的重要性。

目录

第1章　模糊集合基础

1.1　模糊集合的定义与性质

1.1.1　模糊数学概述

1. 模糊现象

日常生活中充斥着大量的模糊现象和概念，例如，在医学领域中，“轻微感冒”“中度疲劳”“严重缺铁”；在气象学中，“微风”“轻度降雨”“强烈暴风雪”；在心理学中，“轻度焦虑”“中度抑郁”“极度紧张”等。它们没有一个精确的界限，而是在一定范围内变动。

模糊性是自然界和人类社会普遍存在的一种现象，用最少的词汇表达尽可能多的信息①。在多数情况下，世界并非非黑即白，而是存在着大量的灰色地带。例如，对于“成功”这一概念，不同的人可能有不同的理解和标准。同样，对于“健康”，医生和病人可能持有不同的看法。

随着信息技术的飞速发展，传统的逻辑和工具在面对模糊性时往往显得力不从心。例如，在数据分析中，如何准确处理和解释包含不确定性的数据成为一个重要的问题。在这种背景下，模糊逻辑提供了一个不同于传统二值逻辑的思考方式。

---

① 李洪兴，汪培庄. 模糊数学 [M]. 北京：国防工业出版社，1994：1.

在系统的复杂性提高时，对系统特性进行精确而有意义的描述的能力会相应降低。随着复杂性的提高，传统的精确化方法可能不再适用。在某种程度上，适度的模糊化反而能提高描述和处理复杂现象的能力。

在自然语言处理中，模糊逻辑被用来处理语言的不确定性和歧义性。在智能交通系统中，模糊逻辑帮助人们处理各种不确定因素，如交通流量、天气条件等，以提高交通管理的效率和安全性。在经济学中，模糊逻辑被用于分析和预测市场趋势，以解决市场的不确定性和复杂性问题。

2. 概念与集合概述

“概念”包含内涵与外延两个维度。内涵描述了该概念所共有的属性；外延则是符合该概念的所有个体构成的集合。

集合论用来表达概念，并通过集合间的运算与变换展现逻辑判断和推理过程。这使得基于集合论的现代数学成为描述和表达各学科知识的形式语言和系统。

集合论由德国数学家康托尔（G. Cantor）于1895年提出，它的核心思想之一是概括原则[①]，即对于任意性质P，可以构建一个仅包含具有性质P的对象的集合A，用符号表示为

$$A=\{a|\ P(a)\}$$

在此公式中，a是集合A的任意元素，$P(a)$表明元素a具有性质P，符号$\{\}$用于将所有具有性质P的元素a组成集合A。因此，概括原则以另一种形式表达为

$$(\forall a)(a\in A\Leftrightarrow P(a))$$

① CANTOR G. Beiträge zur Begründung der transfiniten Mengenlehre[J]. Mathematische Annalen，1895，46，481–512.

其中，“∀”表示“对每一个”，“∈”表示“属于”，“⇔”表示“当且仅当”。

定义任何概念都需依赖更基本的概念。但在历史的各个发展阶段，总有些概念只能通过自身解释，而未能找到更基本的概念，集合就是这类概念之一。将一些确定的、彼此区分的、具体或抽象的事物视为一个整体，这就构成了集合。

形象地说，大家可以将集合想象为一个透明但不可穿透的密封袋。若这个袋子仅包含已知集合 A 的元素，除此之外无任何其他物质，则这个袋子便是一个集合。袋子所具有的，是将元素汇集的行为，正是这一行为的结果形成了集合。

康托尔在集合论中强调，构成集合的对象必须是明确且相互区分的，这实际上意味着构成集合的性质 P 必须是清晰界定的，换句话说，任何对象要么具有性质 P，要么不具有。因此，排中律在此得到满足。按照这一准则，集合所表达的概念（性质或命题）要么是真，要么是假，这构成了一种二值逻辑。这样，数学成为对客观事物的一种绝对化映射。这种分离对于数学的应用和发展具有重要意义，但同时有一定的局限性。例如，在人脑中，概念往往没有明确的外延，如“温度适宜”这一概念在康托尔的集合论中就无法构成一个集合，因为判断某个环境的温度是否“适宜”是模糊不清的。

这种没有明确外延的概念被称为模糊（fuzzy）概念，那么模糊概念是否能用集合来硬性刻画呢？考虑“辣味程度”这一模糊概念，显然判断食物是否“辣”是一件主观且模糊的事情。若规定一个标准，比如辣椒含量超过一定量的食物被认为是“辣”的，这显然是不合理的，因为微小的辣椒含量变化不能明确区分“辣”与“不辣”。

基于此提出一个假设：如果某个食物因为含有 n 单位辣椒而被认为是

“不辣”的，那么含有$n+1$单位辣椒的食物也应该是“不辣”的。下面使用数学归纳法来证明“所有食物都是不辣的”。

（1）含有1单位辣椒的食物当然是“不辣”的；

（2）假设含有n单位辣椒的食物是“不辣”的；

（3）根据假设，含有$n+1$单位辣椒的食物也是“不辣”的。

根据数学归纳法的原理，可以得出结论：所有食物都是“不辣”的。

这个悖论揭示了模糊概念与集合论之间的不协调性，这是因为数学归纳法是建立在康托尔集合论基础上的一种基本数学方法，而模糊概念如“辣味程度”不适合用精确的方法处理。或者说，将二值逻辑的推理应用于二值逻辑无法施行的判断上，导致了这种不协调。

3. 模糊集合概述

模糊集合的直观理念体现在量变和质变的统一性上。以“辣味程度”为例，辨别“辣”与“不辣”的绝对界限是不存在的。“辣味程度”的微小增减都应被重视，因为即便是微小的量变也隐含着质的区别，这种区别不能简单地用“是”与“非”来描述。

在传统二值逻辑中，“是”和“非”作为逻辑值，分别对应1（等于100%，表示命题完全可靠，真实度为1）和0（等于0%，表示命题完全不可靠，真实度为0）。逻辑值是对命题真实度的度量。然而，二值逻辑将真与假绝对化，仅允许1和0这两个值。以“秃头悖论”为例，对于模糊概念，仅用这两个值是不够的，需要在1与0之间采用其他中间状态的逻辑值来表示不同的真实度。例如，逻辑值可能是0.5（等于50%，表示命题部分真实，真实度为0.5），或者0.7（等于70%，表示命题大部分真实，真实度为0.7）。

为了使数学能够处理模糊现象，人们需要从根本上改造传统的康托尔集合，即建立新的集合类型——模糊集合。康托尔在创立集合论时接受了排中律，实际上将模糊现象排除在外了。因此，建立模糊集合的关键在于否定排中律，这可以形象地理解为将不可穿透的袋子替换为可穿透的袋子，从而允许处于中间状态的元素存在。

在实际问题中，集合通常作为特定概念的外延出现。因此，大家讨论时应将议题限制在一定范围内。例如，讨论“成年人”这一概念时，无须涉及与之无关的事物，可以仅在“人”这一范畴内进行讨论，从所有人（记为U）中选出所有成年人，构成U上的一个集合A，集合A便是“成年人”这一概念的外延。

在集合论中，所有被讨论的对象构成一个称为论域的集合，通常用大写英文字母如U,V,X,Y等来表示。论域内的每个单独对象称为元素，用相应的小写英文字母如u,v,x,y等来表示。

给定一个论域U，U中的一部分元素所构成的整体称为U上的一个集合，一般用大写英文字母A,B,C等来表示。

在论域U中任意选定一个元素u以及U上的任意一个集合A，元素u与集合A之间存在如下两种可能的关系：u属于A（表示为$u \in A$），u不属于A（表示为$u \notin A$）。二者必居其一，且仅居其一。

若$u \in A$，则记作 1，表示u绝对属于A；若$u \notin A$，则记作 0，表示u绝对不属于A。为了构建模糊集合，大家需要将元素对集合的绝对隶属关系扩展到不同程度的隶属关系。

论域U中的一个元素u可以想象为U中一个无大小无质量的“点”，而U上的一个集合A可以视为U中一个“环形区域”（袋子）。判断u是否属于A，看它是否在环形区域中。

现在介绍模糊集合的两种直观解释。第一种解释是将论域U中的“点”替换为具有一定长度的线段，这样中间隶属关系便容易表达了。在这种情况下把U上的一个模糊集合记为A。若元素u完全位于A的内部，则记作 1；若u完全在A的外部，则记作 0；若u部分位于A内部，部分位于A外部，则表示中间隶属关系，u在A内部的长度表示u对A的隶属程度。

第二种解释是将论域中的“环形区域”替换为具有一定厚度的圆环，U中的任何一个元素一定位于以圆环中心为起点的射线上。若U中的元素u位于内圆内，则记为 1；若u位于外圆外，则记为 0；若u位于两圆之间，则表示中间状态，u沿射线进入圆环的深度表示u对A的隶属程度。

为了从数学角度实现上述直观想法，扎德（L. A. Zadeh）采用了隶属函数的概念。值得注意的是，实现这一思想的方法并不唯一。

1.1.2 模糊集合定义

普通集合是用于描述“非此即彼”的清晰概念的，因而它可用属于或不属于来确定集合的全体成员①。例如，考虑“所有大于 1 的实数”，这是一个明确的概念，可以用集合

$$A = \{x | \ x > 1\}$$

来表示。这表明所有大于 1 的实数都是集合A的成员，尽管A的元素无法一一列举，但其范围是完全确定的。

然而，如果将这个概念改为“所有远大于 1 的实数”，它就成了一个模糊概念。因为这里无法明确划定一个界限来区分哪些数远大于 1。在这种情况下，只能说某个数属于“远大于 1 的实数”集合的程度较高或较低。例如，10^{10}属于“远大于 1 的实数”集合的程度比10^2高。因此，对于模糊概念而言，不能简单地用“属于或不属于”来表达。

经典集合可以通过特征函数来描述，这个函数揭示了$(P(U),\cup,\cap,^c)$与$(\mathcal{CH}(U),\vee,\wedge,^c)$之间的同构关系。特征函数$\chi_A$仅取 0 或 1 两个值，即

① 陈贻源．模糊数学 [M]. 武汉：华中工学院出版社，1984：18.

$$\chi_A(u)=\begin{cases}1, & u\in A\\0, & u\notin A\end{cases}$$

注：本书中，“∨”和“∧”分别表示取大（最大值）和取小（最小值）运算，即$a\vee b=\max\{a,b\}$，$a\wedge b=\min\{a,b\}$。

与此相对，模糊概念描述的是“既是又非”的模糊现象。模糊集合允许符合与不符合之间的中间状态存在。用隶属函数来表示模糊集合，类似于用特征函数表示经典集合的方法。隶属函数是从U到$[0,1]$的映射μ，即

$$\mu:U\to[0,1]$$

显然，$\mu(u)$可以取 0 到 1 之间的任何值。

设在论域U上给定了映射

$$\mu:U\to[0,1]$$

则称μ确定了U上的一个模糊子集，记为$\underset{\sim}{A}$。μ称为$\underset{\sim}{A}$的隶属函数，记为$\mu_{\underset{\sim}{A}}$。$\mu_{\underset{\sim}{A}}(u)$称为元素$u$关于$\underset{\sim}{A}$的隶属度，表示$u$属于$\underset{\sim}{A}$的程度。模糊子集简称为模糊集合。

当隶属函数$\mu_{\underset{\sim}{A}}(u)$的值为 1 时，表明元素$u$完全属于模糊集合$\underset{\sim}{A}$；相反，当$\mu_{\underset{\sim}{A}}(u)$的值为 0 时，意味着元素$u$完全不属于$\underset{\sim}{A}$。隶属函数$\mu_{\underset{\sim}{A}}(u)$的值越接近 1，表明$u$属于$\underset{\sim}{A}$的程度越高。因此，隶属函数可以被视为特征函数的扩展。相应地，模糊集合可视为经典集合的扩展。为了简化表示，可以约定如下：

$$\mu_{\underset{\sim}{A}}(u)=\underset{\sim}{A}(u)$$

$$\mu_{\underset{\sim}{A}}=\underset{\sim}{A}$$

在给定的论域U上可以定义多个模糊集合。将U上所有模糊集合的集合记为$\mathcal{F}(U)$，即

$$\mathcal{F}(U)=\{\underset{\sim}{A}\mid \underset{\sim}{A}:U\to[0,1]\}$$

$\mathcal{F}(U)$称为U上的模糊集合族。

若对所有u，$\underset{\sim}{A}(u)=0$，则集合$\underset{\sim}{A}$称为空集$\varnothing$；如果对所有u，$\underset{\sim}{A}(u)=1$，则集合$\underset{\sim}{A}$称为全集U。显然，经典集合的集合族$\mathcal{P}(U)$是模糊集合族$\mathcal{F}(U)$的子集，即

$$\mathcal{P}(U)\subset\mathcal{F}(U)$$

即任一个分明（清晰）集合都可视为一个模糊集合。每一个分明集和每一个模糊集合与$\mathcal{F}(U)$的关系都是$\in$或$\notin$的关系。故$\mathcal{F}(U)$是一个分明集合。

模糊集合$\underset{\sim}{A}$的表达方式有多种，主要如下。

（1）当论域U是有限集合$\{u_1,u_2,\cdots,u_n\}$时，常用以下三种方法表示。

①扎德表示法：

$$\underset{\sim}{A}=\frac{\underset{\sim}{A}(u_1)}{u_1}+\frac{\underset{\sim}{A}(u_2)}{u_2}+\cdots+\frac{\underset{\sim}{A}(u_n)}{u_n}$$

其中，$\frac{\underset{\sim}{A}(u_i)}{u_i}$并不是分数，而是论域中的元素$u_i$与其隶属度$\underset{\sim}{A}(u_i)$之间的对应关系。符号“+”也不代表求和，而是模糊集合在论域U上的整体表达。

②序偶表示法：

$$\underset{\sim}{A}=\{(u_1,\underset{\sim}{A}(u_1)),(u_2,\underset{\sim}{A}(u_2)),\cdots,(u_n,\underset{\sim}{A}(u_n))\}$$

③向量表示法：

$$\underset{\sim}{A}=(\underset{\sim}{A}(u_1),\underset{\sim}{A}(u_2),\cdots,\underset{\sim}{A}(u_n))$$

（2）当U是无限集合、连续的或其他情况时，扎德的表示方法如下：

$$\underset{\sim}{A}=\int_{u\in U}\frac{\underset{\sim}{A}(u)}{u}$$

其中，$\frac{\underset{\sim}{A}(u)}{u}$同样不是分数，而是论域上的元素$u$与其隶属度$\underset{\sim}{A}(u)$之间的对应关系。符号“$\int$”不代表积分，也不是求和符号，而是论域$U$上元素$u$与隶属度$\underset{\sim}{A}(u)$对应关系的总体概述。

1.2　模糊集合的运算

1.2.1　模糊集合的包含关系与并交关系

在模糊集合的运算中，用隶属函数定义了模糊集合的运算，与用特征函数定义普通集合运算相似。

设$\underset{\sim}{A},\underset{\sim}{B}\in\mathcal{F}(U)$，若$\forall u\in U,\underset{\sim}{B}(u)\leqslant\underset{\sim}{A}(u)$，则称$\underset{\sim}{A}$包含$\underset{\sim}{B}$，记为$\underset{\sim}{B}\subset\underset{\sim}{A}$。

设$\underset{\sim}{A},\underset{\sim}{B}\in\mathcal{F}(U)$，若$\forall u\in U,\underset{\sim}{A}(u)=\underset{\sim}{B}(u)$，则称$\underset{\sim}{A}$与$\underset{\sim}{B}$相等，记为$\underset{\sim}{A}=\underset{\sim}{B}$。

由此可知，

$$\underset{\sim}{A}=\underset{\sim}{B}\Leftrightarrow\underset{\sim}{A}\subset\underset{\sim}{B}\text{且}\underset{\sim}{B}\subset\underset{\sim}{A}$$

另外，包含关系“$\subset$”是模糊集合$\mathcal{F}(U)$上的二元关系，它构成如下一个序关系：

（1）$\underset{\sim}{A}\subset\underset{\sim}{A}$；

（2）$\underset{\sim}{A}\subset\underset{\sim}{B}$且$\underset{\sim}{B}\subset\underset{\sim}{A}\Rightarrow\underset{\sim}{A}=\underset{\sim}{B}$；

（3）$\underset{\sim}{A}\subset\underset{\sim}{B}$且$\underset{\sim}{B}\subset\underset{\sim}{C}\Rightarrow\underset{\sim}{A}\subset\underset{\sim}{C}$。

因此，$(\mathcal{F}(U),\subset)$是一个偏序集。由于$\varnothing,U\in\mathcal{F}(U)$，因此$\mathcal{F}(U)$具有最大元$U$及最小元$\varnothing$。

若$\forall u\in U,\underset{\sim}{C}(u)=\underset{\sim}{A}(u)\vee\underset{\sim}{B}(u)$，则

$$\underset{\sim}{C}=\underset{\sim}{A}\bigcup\underset{\sim}{B}$$

若$\forall u\in U,\underset{\sim}{C}(u)=\underset{\sim}{A}(u)\wedge\underset{\sim}{B}(u)$，则

$$\underset{\sim}{C}=\underset{\sim}{A}\bigcap\underset{\sim}{B}$$

若$\forall u\in U,\underset{\sim}{B}(u)=1-\underset{\sim}{A}(u)$，则$\underset{\sim}{B}=\underset{\sim}{A}^{c}$.

对于任意$a,b \in [0,1]$，有

$$0a \vee b1$$

$$0a \wedge b1$$

$$01-a1$$

故$\forall \underset{\sim}{A}, \underset{\sim}{B} \in \mathcal{F}(U), \underset{\sim}{A} \cup \underset{\sim}{B}, \underset{\sim}{A} \cap \underset{\sim}{B}, \underset{\sim}{A}^c$恒存在。

$\left(\mathcal{F}(U), \cup, \cap, {}^c\right)$具有如下性质①：

（1）$\underset{\sim}{A} \cup \underset{\sim}{A} = \underset{\sim}{A}, \underset{\sim}{A} \cap \underset{\sim}{A} = \underset{\sim}{A}$；

（2）$\underset{\sim}{A} \cup \underset{\sim}{B} = \underset{\sim}{B} \cup \underset{\sim}{A}, \underset{\sim}{A} \cap \underset{\sim}{B} = \underset{\sim}{B} \cap \underset{\sim}{A}$；

（3）$(\underset{\sim}{A} \cup \underset{\sim}{B}) \cup \underset{\sim}{C} = \underset{\sim}{A} \cup (\underset{\sim}{B} \cup \underset{\sim}{C}), (\underset{\sim}{A} \cap \underset{\sim}{B}) \cap \underset{\sim}{C} = \underset{\sim}{A} \cap (\underset{\sim}{B} \cap \underset{\sim}{C})$；

（4）$(\underset{\sim}{A} \cup \underset{\sim}{B}) \cap \underset{\sim}{A} = \underset{\sim}{A}, (\underset{\sim}{A} \cap \underset{\sim}{B}) \cup \underset{\sim}{A} = \underset{\sim}{A}$；

（5）$(\underset{\sim}{A} \cap \underset{\sim}{B}) \cup \underset{\sim}{C} = (\underset{\sim}{A} \cup \underset{\sim}{C}) \cap (\underset{\sim}{B} \cup \underset{\sim}{C})$，$(\underset{\sim}{A} \cup \underset{\sim}{B}) \cap \underset{\sim}{C} = (\underset{\sim}{A} \cap \underset{\sim}{C}) \cup (\underset{\sim}{B} \cap \underset{\sim}{C})$；

（6）$\underset{\sim}{A} \cup \varnothing = \underset{\sim}{A}, \underset{\sim}{A} \cap \varnothing = \varnothing$；

（7）$\underset{\sim}{A} \cup U = U, \underset{\sim}{A} \cap U = \underset{\sim}{A}$；

（8）$\left(\underset{\sim}{A}^c\right)^c = \underset{\sim}{A}$；

（9）$(\underset{\sim}{A} \cup \underset{\sim}{B})^c = \underset{\sim}{A}^c \cap \underset{\sim}{B}^c, (\underset{\sim}{A} \cap \underset{\sim}{B})^c = \underset{\sim}{A}^c \cup \underset{\sim}{B}^c$。

性质（8）和性质（9）的证明如下：

设$\underset{\sim}{A}, \underset{\sim}{B} \in \mathcal{F}(U)$，对于任意$u \in U$，有

$$\left(\underset{\sim}{A}^c\right)^c(u) = 1 - A^c(u) = 1 - [1 - \underset{\sim}{A}(u)] = \underset{\sim}{A}(u)$$

所以

$$\left(\underset{\sim}{A}^c\right)^c = \underset{\sim}{A}$$

因为

① 陈贻源 . 模糊数学 [M]. 武汉：华中工学院出版社，1984：26.

$$\begin{aligned}(\underset{\sim}{A}\cup \underset{\sim}{B})^c(u) &= 1-(\underset{\sim}{A}\cup \underset{\sim}{B})(u)\\ &= 1-(\underset{\sim}{A}(u)\vee \underset{\sim}{B}(u))\\ &= (1-\underset{\sim}{A}(u))\wedge (1-\underset{\sim}{B}(u))\\ &= \underset{\sim}{A}^c(u)\wedge \underset{\sim}{B}^c(u)\\ &= \left(\underset{\sim}{A}^c\cap \underset{\sim}{B}^c\right)(u)\end{aligned}$$

从而得到

$$(\underset{\sim}{A}\cup \underset{\sim}{B})^c = \underset{\sim}{A}^c\cap \underset{\sim}{B}^c$$

同理可证

$$(\underset{\sim}{A}\cap \underset{\sim}{B})^c = \underset{\sim}{A}^c\cup \underset{\sim}{B}^c$$

上述公式说明 $(\mathcal{F}(U),\cup,\cap,^c)$ 是软代数，而不是布尔代数，因为 $(\mathcal{F}(U),\cup,\cap,^c)$ 不满足互补律。事实上，

$$\underset{\sim}{A}^c(u) = 1-\underset{\sim}{A}(u)$$

$$(\underset{\sim}{A}\cup \underset{\sim}{A}^c)(u) = \underset{\sim}{A}(u)\vee (1-\underset{\sim}{A}(u))$$

除非 $\underset{\sim}{A}(u)\in\{0,1\}$，否则 $\underset{\sim}{A}\cup \underset{\sim}{A}^c\neq U$，同理 $\underset{\sim}{A}\cap \underset{\sim}{A}^c\neq\varnothing$，这正好说明当 $\underset{\sim}{A}(u)\in\{0,1\}$ 时，模糊集合退化为普通集合。模糊集合上的补运算不满足互补律，其原因是模糊集合 $\underset{\sim}{A}$ 没有明确的边界，$\underset{\sim}{A}^c$ 也没有明确的边界。$\underset{\sim}{A}\cap \underset{\sim}{A}^c\neq\varnothing$ 说明 $\underset{\sim}{A}$ 和 $\underset{\sim}{A}^c$ 交叠，但这种交叠受一定的限制。事实上，

$$\forall \underset{\sim}{A}\in\mathcal{F}(U), \underset{\sim}{A}(u)\wedge \underset{\sim}{A}^c(u)\leqslant\frac{1}{2}(\forall u\in U)$$

同样地，$\underset{\sim}{A}\cup \underset{\sim}{A}^c\neq U$ 说明 $\underset{\sim}{A}\cup \underset{\sim}{A}^c$ 不一定完全覆盖 U，但有下述结论：

$$\forall \underset{\sim}{A}\in\mathcal{F}(U), \underset{\sim}{A}(u)\vee A^c(u)\geqslant\frac{1}{2}(\forall u\in U)$$

为了区别于普通集合上的“补”，特称模糊集合上的补为“伪补”。

设 $\underset{\sim}{A}, \underset{\sim}{A}_\lambda\in\mathcal{F}(U)$，$\lambda\in\varLambda$，其中 $\varLambda$ 为指标集。

（1）若

$$\underset{\sim}{A}(u)=\vee_{\lambda\in\Lambda}\underset{\sim}{A}_{\lambda}(u)$$

则称$\underset{\sim}{A}$为$\{\underset{\sim}{A}_{\lambda}\}_{\lambda\in\Lambda}$的并，记为

$$\underset{\sim}{A}=\bigcup_{\lambda\in\Lambda}\underset{\sim}{A}_{\lambda}$$

（2）若

$$\underset{\sim}{A}(u)=\wedge_{\lambda\in\Lambda}\underset{\sim}{A}_{\lambda}(u)$$

则称$\underset{\sim}{A}$为$\{\underset{\sim}{A}_{\lambda}\}_{\lambda\in\Lambda}$的交，记为

$$\underset{\sim}{A}=\bigcap_{\lambda\in\Lambda}\underset{\sim}{A}_{\lambda}$$

可以证明如下命题。

设$\underset{\sim}{A},\underset{\sim}{A}_{\lambda}\in\mathcal{F}(U)$，$\lambda\in\Lambda$，则

（1）$\underset{\sim}{A}\cup\left(\bigcap_{\lambda\in\Lambda}\underset{\sim}{A}_{\lambda}\right)=\bigcap_{\lambda\in\Lambda}\left(\underset{\sim}{A}\cup\underset{\sim}{A}_{\lambda}\right)$，$\underset{\sim}{A}\cap\left(\bigcup_{\lambda\in\Lambda}\underset{\sim}{A}_{\lambda}\right)=\bigcup_{\lambda\in\Lambda}\left(\underset{\sim}{A}\cap\underset{\sim}{A}_{\lambda}\right)$；

（2）$\bigcup_{\lambda\in\Lambda}\underset{\sim}{A}_{\lambda}^{c}=\left(\bigcap_{\lambda\in\Lambda}\underset{\sim}{A}_{\lambda}\right)^{c}$，$\bigcap_{\lambda\in\Lambda}\left(\underset{\sim}{A}_{\lambda}^{c}\right)=\left(\bigcup_{\lambda\in\Lambda}\underset{\sim}{A}_{\lambda}\right)^{c}$。

在模糊集合上还可引入其他代数运算，其中很大一部分可以统一在所谓三角范数之下。

1.2.2 模糊集合的代数和与代数积运算

设$\underset{\sim}{A},\underset{\sim}{B},\underset{\sim}{C}\in\mathcal{F}(U)$，

（1）$\underset{\sim}{A}$与$\underset{\sim}{B}$的代数和$\underset{\sim}{C}=\underset{\sim}{A}\hat{+}\underset{\sim}{B}$由下式确定：

$$\underset{\sim}{C}(u)=(\underset{\sim}{A}\hat{+}\underset{\sim}{B})(u)\overset{\text{def}}{=\!=\!=}\underset{\sim}{A}(u)+\underset{\sim}{B}(u)-\underset{\sim}{A}(u)\cdot\underset{\sim}{B}(u)(\forall u\in U)$$

2. $\underset{\sim}{A}$与$\underset{\sim}{B}$的代数积$\underset{\sim}{C}=\underset{\sim}{A}\hat{\cdot}\underset{\sim}{B}$由下式确定：

$$\underset{\sim}{C}(u)=(\underset{\sim}{A}\hat{\cdot}\underset{\sim}{B})(u)\overset{\text{def}}{=\!=\!=}\underset{\sim}{A}(u)\cdot\underset{\sim}{B}(u)(\forall u\in U)$$

由于$\forall a,b\in[0,1]$，$0\leqslant a+b-a\cdot b\leqslant 1$，$0\leqslant a\cdot b\leqslant 1$，故$\underset{\sim}{A}\hat{+}\underset{\sim}{B}$，$\underset{\sim}{A}\hat{\cdot}\underset{\sim}{B}\in\mathcal{F}(U)$，即对模糊集合进行代数和、代数积运算后仍为模糊集合。

模糊集合的代数和与代数积满足以下性质：

（1）交换律：

$\underset{\sim}{A}\hat{+}\underset{\sim}{B}=\underset{\sim}{B}\hat{+}\underset{\sim}{A}$，

$\underset{\sim}{A}\hat{\cdot}\underset{\sim}{B}=\underset{\sim}{B}\hat{\cdot}\underset{\sim}{A}$；

（2）结合律：

$(\underset{\sim}{A}\hat{+}\underset{\sim}{B})\hat{+}\underset{\sim}{C}=\underset{\sim}{A}\hat{+}(\underset{\sim}{B}\hat{+}\underset{\sim}{C})$，

$(\underset{\sim}{A}\hat{\cdot}\underset{\sim}{B})\hat{\cdot}\underset{\sim}{C}=\underset{\sim}{A}\hat{\cdot}(\underset{\sim}{B}\hat{\cdot}\underset{\sim}{C})$；

（3）0–1 律：

$\underset{\sim}{A}\hat{+}\varnothing=\underset{\sim}{A}$，

$\underset{\sim}{A}\hat{\cdot}\varnothing=\varnothing$，

$\underset{\sim}{A}\hat{+}U=U$，

$\underset{\sim}{A}\hat{\cdot}U=\underset{\sim}{A}$；

（4）对偶律：

$(\underset{\sim}{A}\hat{+}\underset{\sim}{B})^c=\underset{\sim}{A}^c\hat{\cdot}\underset{\sim}{B}^c$，

$(\underset{\sim}{A}\hat{\cdot}\underset{\sim}{B})^c=\underset{\sim}{A}^c\hat{+}\underset{\sim}{B}^c$。

对于对偶律第一式有以下证明：

$$\begin{aligned}(\underset{\sim}{A}\hat{+}\underset{\sim}{B})^c(u)&=1-(\underset{\sim}{A}\hat{+}\underset{\sim}{B})(u)\\&=1-(\underset{\sim}{A}(u)+\underset{\sim}{B}(u)-\underset{\sim}{A}(u)\underset{\sim}{B}(u))\\&=(1-\underset{\sim}{A}(u))(1-\underset{\sim}{B}(u))\\&=\underset{\sim}{A}^c(u)\underset{\sim}{B}^c(u)\\&=(\underset{\sim}{A}^c\hat{\cdot}\underset{\sim}{B}^c)(u)\end{aligned}$$

运算“$\hat{+},\hat{\cdot}$”不满足分配律、吸收律和幂等律。因此，$(\mathcal{F}(U),\hat{+},\hat{\cdot})$不构成格。

1.2.3 模糊集合的有界和与有界积运算

设$\underset{\sim}{A},\underset{\sim}{B},\underset{\sim}{C} \in \mathcal{F}(U)$，

（1）$\underset{\sim}{A}$与$\underset{\sim}{B}$的有界和$\underset{\sim}{C}=\underset{\sim}{A}\oplus\underset{\sim}{B}$定义如下：

$$\underset{\sim}{C}(u)=(\underset{\sim}{A}\oplus\underset{\sim}{B})(u)\overset{\text{def}}{=\!=}1\wedge\left(\underset{\sim}{A}(u)+\underset{\sim}{B}(u)\right)(\forall u\in U)$$

（2）$\underset{\sim}{A}$与$\underset{\sim}{B}$的有界积$\underset{\sim}{C}=\underset{\sim}{A}\odot\underset{\sim}{B}$定义如下：

$$\underset{\sim}{C}(u)=(\underset{\sim}{A}\odot\underset{\sim}{B})(u)\overset{\text{def}}{=\!=}0\vee\left(\underset{\sim}{A}(u)+\underset{\sim}{B}(u)-1\right)(\forall u\in U)$$

考虑所有 $a,b\in[0,1]$ 的情况，可以得出以下结论：由于 $0\leqslant 1\wedge(a+b)\leqslant 1$ 以及 $0\leqslant 0\vee(a+b-1)\leqslant 1$，因此，集合运算后$\underset{\sim}{A}\oplus\underset{\sim}{B}$和$\underset{\sim}{A}\odot\underset{\sim}{B}$都属于$\mathcal{F}(U)$。

下面来描述模糊集合的有界和$\underset{\sim}{A}\oplus\underset{\sim}{B}$与有界积$\underset{\sim}{A}\odot\underset{\sim}{B}$的性质。

（1）交换律：

$\underset{\sim}{A}\oplus\underset{\sim}{B}=\underset{\sim}{B}\oplus\underset{\sim}{A}$，

$\underset{\sim}{A}\odot\underset{\sim}{B}=\underset{\sim}{B}\odot\underset{\sim}{A}$；

（2）结合律：

$(\underset{\sim}{A}\oplus\underset{\sim}{B})\oplus\underset{\sim}{C}=\underset{\sim}{A}\oplus(\underset{\sim}{B}\oplus\underset{\sim}{C})$，

$(\underset{\sim}{A}\odot\underset{\sim}{B})\odot\underset{\sim}{C}=\underset{\sim}{A}\odot(\underset{\sim}{B}\odot\underset{\sim}{C})$；

（3）对偶律：

$(\underset{\sim}{A}\oplus\underset{\sim}{B})^c=\underset{\sim}{A}^c\odot\underset{\sim}{B}^c$，

$(\underset{\sim}{A}\odot\underset{\sim}{B})^c=\underset{\sim}{A}^c\oplus\underset{\sim}{B}^c$；

（4）0-1 律：

$(\underset{\sim}{A}\oplus\varnothing)=\underset{\sim}{A}$，

$\underset{\sim}{A}\odot\varnothing=\varnothing$，

$(\underset{\sim}{A}\oplus U)=U$，

$\underset{\sim}{A}\odot U=\underset{\sim}{A}$；

（5）互补律：

$\underset{\sim}{A} \oplus \underset{\sim}{A}^c = U$，

$\underset{\sim}{A} \odot \underset{\sim}{A}^c = \varnothing$。

对偶律的具体证明过程如下：

$$\begin{aligned}(\underset{\sim}{A} \oplus \underset{\sim}{B})^c(u) &= 1-(\underset{\sim}{A} \oplus \underset{\sim}{B})(u) \\ &= 1-[1 \wedge (\underset{\sim}{A}(u)+\underset{\sim}{B}(u))] \\ &= (1-1) \vee (1-\underset{\sim}{A}(u)-\underset{\sim}{B}(u)) \\ &= 0 \vee (1-\underset{\sim}{A}(u)+1-\underset{\sim}{B}(u)-1) \\ &= 0 \vee (\underset{\sim}{A}^c(u)+\underset{\sim}{B}^c(u)-1) \\ &= (\underset{\sim}{A}^c \odot \underset{\sim}{B}^c)(u)\end{aligned}$$

从而得出 $(\underset{\sim}{A} \oplus \underset{\sim}{B})^c = \underset{\sim}{A}^c \odot \underset{\sim}{B}^c$。设 $\underset{\sim}{A} = E^c, \underset{\sim}{B} = F^c$，将其代入上述公式后，得

$$(\underset{\sim}{E}^c \oplus \underset{\sim}{F}^c)^c = \underset{\sim}{E} \odot \underset{\sim}{F}$$

两边取补，得

$$(\underset{\sim}{E}^c \oplus \underset{\sim}{F}^c) = (\underset{\sim}{E} \odot \underset{\sim}{F})^c$$

大家可以验证，运算“⊕”和“⊙”不满足幂等律、分配律和吸收律。因此，结构 $(\mathcal{F}(U),\oplus,\odot)$ 并非格。但由于其满足互补律，所以大家可以利用其推广模糊划分概念。

若 $\underset{\sim}{A}_1,\underset{\sim}{A}_2,\cdots,\underset{\sim}{A}_n \in \mathcal{F}(U)$，且 $\underset{\sim}{A}_i \neq \varnothing, \underset{\sim}{A}_i \neq U \ (i=1,2,\cdots,n)$，$\sum_{i=1}^{n} \underset{\sim}{A}_i(u) = 1 (\forall u \in U)$，则称 $\underset{\sim}{A}_1,\underset{\sim}{A}_2,\cdots,\underset{\sim}{A}_n$ 为 U 上的一个模糊划分。

对于任意的 $\underset{\sim}{A},\underset{\sim}{B} \in \mathcal{F}(U)$，总有

$$\underset{\sim}{A} \odot \underset{\sim}{B} \subset \underset{\sim}{A} \hat{\cdot} \underset{\sim}{B} \subset \underset{\sim}{A} \cap \underset{\sim}{B} \subset \underset{\sim}{A} \cup \underset{\sim}{B} \subset \underset{\sim}{A} \hat{+} \underset{\sim}{B} \subset \underset{\sim}{A} \oplus \underset{\sim}{B}$$

证明如下：

$$
\begin{aligned}
(\underset{\sim}{A}\odot \underset{\sim}{B})(u) &= 0\vee(\underset{\sim}{A}(u)+\underset{\sim}{B}(u)-1)\\
&= 0\vee[\underset{\sim}{A}(u)\cdot \underset{\sim}{B}(u)-(1-\underset{\sim}{A}(u))(1-\underset{\sim}{B}(u))]\\
&\leqslant 0\vee(\underset{\sim}{A}(u)\cdot \underset{\sim}{B}(u))\\
&= (\underset{\sim}{A}\hat{\cdot}\underset{\sim}{B})(u)
\end{aligned}
$$

又由

$$\underset{\sim}{A}(u)\cdot \underset{\sim}{B}(u)\leqslant \underset{\sim}{A}(u)\wedge \underset{\sim}{B}(u)=(\underset{\sim}{A}\cap \underset{\sim}{B})(u)$$

$$\underset{\sim}{A}(u)\wedge \underset{\sim}{B}(u)\leqslant \underset{\sim}{A}(u)\vee \underset{\sim}{B}(u)=(\underset{\sim}{A}\cup \underset{\sim}{B})(u)$$

可得

$$\underset{\sim}{A}\odot \underset{\sim}{B}\subset \underset{\sim}{A}\hat{\cdot}\underset{\sim}{B}\subset \underset{\sim}{A}\cap \underset{\sim}{B}\subset \underset{\sim}{A}\cup \underset{\sim}{B}$$

进一步由

$$\underset{\sim}{A}(u)\vee \underset{\sim}{B}(u)\leqslant \underset{\sim}{A}(u)+\underset{\sim}{B}(u)-\underset{\sim}{A}(u)\cdot \underset{\sim}{B}(u)=(\underset{\sim}{A}\hat{+}\underset{\sim}{B})(u)$$

$$\underset{\sim}{A}(u)+\underset{\sim}{B}(u)-\underset{\sim}{A}(u)\cdot \underset{\sim}{B}(u)=\underset{\sim}{A}(u)(1-\underset{\sim}{B}(u))+\underset{\sim}{B}(u)\leqslant \underset{\sim}{A}(u)+\underset{\sim}{B}(u)$$

可得

$$\left(\underset{\sim}{A}\hat{+}\underset{\sim}{B}\right)(u)\leqslant 1\wedge(\underset{\sim}{A}(u)+\underset{\sim}{B}(u))=(\underset{\sim}{A}\oplus \underset{\sim}{B})(u)$$

对于任意两个模糊集合$\underset{\sim}{A},\underset{\sim}{B}\in\mathcal{F}(U)$，有

$$\underset{\sim}{A}\cup \underset{\sim}{B}=\underset{\sim}{A}\oplus\left(\underset{\sim}{A}^c\odot \underset{\sim}{B}\right)$$

$$\underset{\sim}{A}\cap \underset{\sim}{B}=\underset{\sim}{A}\odot\left(\underset{\sim}{A}^c\oplus \underset{\sim}{B}\right)$$

$$\underset{\sim}{A}\hat{\cdot}\underset{\sim}{B}=\underset{\sim}{A}\odot\left(\underset{\sim}{A}^c\hat{+}\underset{\sim}{B}\right)$$

$$\underset{\sim}{A}\hat{+}\underset{\sim}{B}=\underset{\sim}{A}\oplus\left(\underset{\sim}{A}^c\hat{\cdot}\underset{\sim}{B}\right)$$

证明中要关注模糊集合运算的特性。例如，证明$\underset{\sim}{A}\cap\underset{\sim}{B}=\underset{\sim}{A}\odot\left(\underset{\sim}{A}^c+\underset{\sim}{B}\right)$时，定义

$$\left(\underset{\sim}{A}^c\hat{\cdot}\underset{\sim}{B}\right)(u)=\max\left\{0,\underset{\sim}{B}(u)-\underset{\sim}{A}(u)\right\}$$

$\left(\underset{\sim}{A}^c\hat{\cdot}\underset{\sim}{B}\right)(u)$可表示为

$$\left(\underset{\sim}{A}^c \hat{\cdot} \underset{\sim}{B}\right)(u)=\frac{1}{2}\left[\underset{\sim}{B}(u)-\underset{\sim}{A}(u)+|\underset{\sim}{B}(u)-\underset{\sim}{A}(u)|\right]$$

进一步，有

$$\begin{aligned}\underset{\sim}{A}(u)+\left(\underset{\sim}{A}^c \hat{\cdot} \underset{\sim}{B}\right)(u) &= \frac{1}{2}\left[\underset{\sim}{B}(u)+\underset{\sim}{A}(u)+|\underset{\sim}{B}(u)-\underset{\sim}{A}(u)|\right] \\ &= \underset{\sim}{A}(u)\vee \underset{\sim}{B}(u)=(\underset{\sim}{A}\cup \underset{\sim}{B})(u)\end{aligned}$$

因此

$$1\wedge\left[\underset{\sim}{A}(u)+\left(\underset{\sim}{A}^c \hat{\cdot} \underset{\sim}{B}\right)(u)\right]=1\wedge(\underset{\sim}{A}\cup \underset{\sim}{B})(u)=(\underset{\sim}{A}\cup \underset{\sim}{B})(u)$$

由对偶律和上述等式，得到

$$\begin{aligned}\underset{\sim}{A}\cap \underset{\sim}{B} &= \left(\underset{\sim}{A}^c\cup \underset{\sim}{B}^c\right)^c \\ &= \left[\underset{\sim}{A}^c\oplus\left(\underset{\sim}{A}\odot \underset{\sim}{B}^c\right)\right]^c \\ &= (\underset{\sim}{A}^c)^c\odot(\underset{\sim}{A}\odot \underset{\sim}{B}^c)^c \\ &= \underset{\sim}{A}\odot\left(\underset{\sim}{A}^c\oplus \underset{\sim}{B}\right)\end{aligned}$$

完成证明。

1.3　模糊集合的截集

模糊集合理论的功用是处理数学关系中的不确定性，其中截集对模糊集合中的元素按其隶属度的大小进行划分。

截集是基于模糊集合的隶属函数定义的。给定一个模糊集合$\underset{\sim}{A}$，其在全集U上的隶属函数定义为$\underset{\sim}{A}(x):U\to[0,1]$，其中$x$为$U$中的元素。对于给定的$\lambda\in[0,1]$，$\underset{\sim}{A}$的$\lambda$－截集是由所有隶属度不小于$\lambda$的元素组成的集合，即

$$A_\lambda = \{x | \underset{\sim}{A}(x) \geqslant \lambda\}$$

在此定义中，λ充当了一个阈值或置信水平，其决定了截集的“严格程度”。

截集的特征函数$\chi_{A_\lambda}(x)$反映了元素x是否属于截集A_λ，定义如下：

$$\chi_{A_\lambda}(x) = \begin{cases} 1, & \underset{\sim}{A}(x) \geqslant \lambda \\ 0, & \underset{\sim}{A}(x) < \lambda \end{cases}$$

这个特征函数清晰地划分了隶属与不隶属于截集的元素。

模糊集合的截集具有如下若干重要性质。

1. 子集关系传递性

若模糊集合$\underset{\sim}{A}$是模糊集合$\underset{\sim}{B}$的子集，则对于任意$\lambda \in [0,1]$，$\underset{\sim}{A}$的λ－截集也是$\underset{\sim}{B}$的λ－截集的子集，即若$\underset{\sim}{A} \subseteq \underset{\sim}{B}$，则$A_\lambda \subseteq B_\lambda$。

2. 截集隶属度的单调性

对于固定的模糊集合$\underset{\sim}{A}$，随着阈值λ的增大，A_λ所包含的元素数量减少；反之，则增多，即若$\lambda \leqslant \mu$，则$A_\lambda \supseteq A_\mu$。

3. 运算保持性

模糊集合的并集和交集在截集上的运算与经典集合的并集和交集运算相同。具体来说，对于任意模糊集合$\underset{\sim}{A}$和$\underset{\sim}{B}$，有$(\underset{\sim}{A} \cup \underset{\sim}{B})_\lambda = A_\lambda \cup B_\lambda$和$(\underset{\sim}{A} \cap \underset{\sim}{B})_\lambda = A_\lambda \cap B_\lambda$。

这些性质的证明主要依赖于模糊集合的定义及其运算规则。特别是性质 2 的证明，体现了截集大小随阈值变化的单调性，即阈值λ越大，截集A_λ越小，反之则越大。

在应用层面，改变λ的值，可以控制分类的粒度，从而获得不同程度的分类。较大的λ值意味着更为严格的成员资格要求，从而会导致分类结果较为精细；而较小的λ值则允许更多的元素归类，从而会导致较为粗糙的分类结果。

在模糊集合理论中，对模糊集合的描述不仅仅局限于隶属函数，还通过一系列衍生的概念，这些衍生的概念可以为人们提供更为丰富和细致的理解。

支集：给定模糊集合$\underset{\sim}{A} \in \mathcal{F}(U)$，支集定义为所有隶属度大于 0 的元素的集合，记作

$$\mathrm{Supp}\underset{\sim}{A} = \{x | \underset{\sim}{A}(x) > 0\}$$

支集提供了一个重要的视角，即它标识了在模糊集合$\underset{\sim}{A}$中至少具有某种程度属于性的所有元素。从直观上讲，支集为识别那些对模糊集合$\underset{\sim}{A}$有实质贡献的元素提供了便利。

核：模糊集合的核是其中隶属度等于 1 的元素集合，记作

$$\mathrm{Ker}\,\underset{\sim}{A} = \left\{x \middle| \underset{\sim}{A}(x) = 1\right\}$$

核表示模糊集合中完全属于该集合的元素。一个模糊集合如果拥有非空的核，即$\mathrm{Ker}\,\underset{\sim}{A} \neq \varnothing$，那么称之为正规模糊集合。正规模糊集合在许多应用场景中是理想的，因为它们包含了确定无疑属于该集合的元素。

边界：边界的定义是模糊集合中隶属度介于 0 和 1 之间的元素集合，记作

$$\mathrm{Bd}\,\underset{\sim}{A} = \{x | 0 < \underset{\sim}{A}(x) < 1\} = \mathrm{Supp}\,\underset{\sim}{A} - \mathrm{Ker}\,\underset{\sim}{A}$$

边界表示那些既非完全属于又非完全不属于$\underset{\sim}{A}$的元素，从而捕捉了模糊集合的“模糊性”。

随着λ值从 1 变化到 0，λ - 截集A_λ逐渐扩大，先是包括核（$\lambda = 1$时），随后逐渐纳入边界的元素，直到最终扩展至整个支集。这个过程形象地展

示了模糊集合从其最确定的核开始，逐渐向其不确定的边界扩散，最后覆盖其整个支集。

支集、核和边界这三个概念在描述模糊集合时相互补充，支集强调了至少存在一定属于程度的元素，核突出了完全属于的元素，而边界则刻画了模糊集合的模糊区域。

1.4 模糊集合的隶属度

1.4.1 隶属度的客观存在性

模糊统计试验包含论域U、固定元素u_0、随机运动集合A^*以及模糊子集$\underset{\sim}{A}$。在这个框架中，运动的A^*不断逼近$\underset{\sim}{A}$，反映了u_0对$\underset{\sim}{A}$的隶属关系的动态性和不确定性。这种动态性和不确定性是理解隶属度客观存在性的关键。

隶属度的客观存在性在模糊统计试验中得到了充分的体现。当对集合A^*进行大量重复试验时，A^*覆盖u_0的频率趋于稳定，这个稳定值被定义为u_0对$\underset{\sim}{A}$的隶属度，记作

$$\underset{\sim}{A}(u_0)=\lim_{n\to\infty}\frac{u_0\in A^*\text{的次数}}{n}$$

隶属度的客观存在性并不是孤立的理论概念，而是与概率论、统计学以及决策理论等领域紧密相连的。在实际应用中，如模糊控制、模式识别和决策分析等领域，隶属度为人们提供了一种量化不确定性和处理模糊信息的方法。

隶属度的这种客观存在性不仅为模糊集合的数学处理提供了基础，还

为模糊信息在各种实际问题中的应用提供了理论支持。例如，在经济学领域，隶属度可以用来评估市场风险和消费者偏好的不确定性；在工程技术中，隶属度有助于优化控制系统的设计，特别是在处理不确定性和模糊性方面。

隶属度的客观存在性也有一些理论和实际问题，如何准确地测量和计算隶属度、隶属度在不同场景下的可靠性和有效性以及如何将隶属度概念与其他数学理论结合使用，都是需要深入研究的问题。隶属度的主观判断因素如何与其客观存在性相协调，也是一个值得探讨的话题。

1.4.2 隶属函数确定方法

1. 模糊统计方法

模糊统计方法的基本原理是将传统的概率统计中“不动的圈”与“变动的点”的关系颠倒过来。在模糊统计中，考虑的是“变动的圈”是否盖住了“不动的点”。这里，“变动的圈”代表模糊集合，而“不动的点”则是论域中的一个确定元素。模糊统计的目标是确定这个固定元素对模糊集合的隶属程度。

在模糊统计方法中，首先需要定义一个模糊集合$\underset{\sim}{A}$，该集合具有弹性的边界，这意味着$\underset{\sim}{A}$不是严格固定的，而是可以变化的。然后选取论域U中的一个固定元素u_0，在一系列的试验中观察$\underset{\sim}{A}$是否包含u_0。这些试验可以确定u_0对$\underset{\sim}{A}$的隶属频率，这个频率随着试验次数的增加而趋于稳定，最终可以作为u_0对$\underset{\sim}{A}$的隶属度。

在具体操作上，进行模糊统计试验需要收集足够多的数据。这些数据可以来源于试验观测、专家评估或其他信息获取方式。例如，在环境科学中，人们可以通过长期观测确定某种污染物对环境质量的影响程度；在市场分析中，人们可以通过消费者调查来评估产品特征对消费者满意度的影响程度。

模糊统计方法的关键是确定隶属度的计算方式。这通常通过计算元素u_0在多次试验中属于集合A的频率来实现。隶属度$A(u_0)$的定义如下：

$$A(u_0)=\lim_{n\to\infty}\frac{\text{次数}(u_0\in A)}{n}$$

其中，n是试验的总次数。

这种方法的优势在于它提供了一种量化和客观评估隶属度的方式。它避免了传统方法中的主观判断，使得隶属度的确定更加科学和可靠。此外，由于模糊统计试验考虑了元素与模糊集合边界的动态关系，因此能更好地反映现实世界中的复杂性和不确定性。

模糊统计方法也存在一些局限性。例如，该方法需要大量的试验数据来确保隶属度的准确性，这在某些情况下可能难以实现，模糊统计方法的应用依赖于模糊集合边界的定义，不同的边界定义可能导致不同的隶属度结果。

为了克服这些局限性，大家可以将模糊统计方法与其他方法结合使用，比如可以结合专家评估和历史数据分析来定义模糊集合的边界，从而使隶属度的确定更加全面和准确。

2. 指派方法

指派方法在实际操作中既包括选择合适的模糊分布形式，也涉及根据具体情况调整模糊分布中的参数。

指派方法的核心是选择一个合适的模糊分布作为隶属函数的基本形式，这种分布通常是由问题的特点和模糊集合的性质来决定的。例如，常见的模糊分布包括三角形分布、梯形分布、高斯分布等。这些分布的选择依赖于专家经验、历史数据分析和问题的具体性质。

在确定了模糊分布的形式后，下一步是根据实际数据来调整分布中的参数。一个三角形分布需要确定分布的左端点、右端点和最高点；高斯分布则需要确定其均值和标准差。这些参数的确定通常需要依靠专家的判断或者历史数据的分析。

指派方法的优势在于其灵活性和适应性，它允许在隶属函数的构造中融入人的经验和直觉从而使得结果更贴合实际情况。由于直接参考了专家意见或历史数据，所得的模糊分布能够较好地反映现实世界的复杂性。

指派方法的主观性也是其一个重要的局限性，不同专家可能会对同一问题给出不同的隶属函数形式和参数，这可能会导致模糊集合的不一致性。因此在应用中往往需要多个专家的共识或者多次测量的平均值来减少这种不确定性。

在实际应用中，为了提高指派方法的准确性和可靠性，大家可以采用一些技术手段，比如可以使用模糊层次分析法来整合多个专家的意见，或者利用数据拟合技术来根据历史数据确定隶属函数的参数。

3. 借用已有的客观尺度

在经济管理和社会科学领域，借用已有的“客观”尺度来确定模糊集合的隶属函数是一种常用的方法。这种方法的优势在于它利用了已经广泛接受和验证的客观指标，使得隶属函数更加符合现实情况，增强了模糊集合的实用性和准确性。

在这种方法中，“客观”尺度是指那些已被广泛认可并应用于实际的量化指标，比如在设备管理中，设备完好率是一个衡量设备状况的常用指标；在质量控制中，产品的正品率是一个关键指标；而在社会经济学中，恩格尔系数是判断家庭经济状况的重要工具。

在将这些客观尺度用作模糊集合的隶属度时，尺度与模糊集合所表达概念之间的对应关系应被考虑到，将设备完好率作为“设备完好”这个模糊集合的隶属度，实际上是将设备的实际运行状况映射到模糊集合的隶属程度上。同样，将产品的正品率作为“质量稳定”的隶属度，反映了产品质量与质量稳定性之间的关联。

在应用这种方法时首先各个尺度与模糊集合隶属度之间的关系需要被确定，这可能需要转换或标准化尺度，以便它们能够适用于模糊集合理论，比如将某些尺度转换为 0 到 1 之间的数值，以符合隶属度的定义。

选用的尺度应当是经过广泛研究和实践验证的，能够可靠地反映所关心的属性或特征。而不同领域和不同环境下同一尺度可能存在差异，在应用这些尺度时它们在特定情境下的适用性还需要被考虑。例如，在不同的国家和地区，恩格尔系数可能反映不同的经济状况，因此，在使用该尺度作为“贫困家庭”隶属度时，地域因素的影响需被考虑到。

4. 二元对比排序法

二元对比排序法适用于那些难以直接确定隶属度，但可以通过比较确定隶属度相对大小的情境。其基本过程包括两个主要步骤，一是二元对比排序，二是数学方法加工。

（1）二元对比排序。

①比较标准的确定：首先设定一个标准，用于对论域内元素进行两两比较。这一标准应与研究的模糊集合概念直接相关。

②元素两两比较：对论域内所有元素进行全面的两两对比，确定它们在所设定标准下的相对顺序。例如，在评估产品质量的模糊集合中，人们可以通过比较两个产品的质量特性，确定哪一个在质量上优于另一个。

③排序表的构建：根据所有的两两比较结果，构建一个反映所有元素相对优劣顺序的排序表。

（2）数学方法加工。

①离散表示：利用排序结果，将每个元素的隶属度分配为一个离散

值。这可以通过多种方法实现，例如基于排序位置的线性函数、基于间距的非线性函数等。

②隶属度的归一化：对这些离散值进行归一化处理，以确保隶属度在 0 到 1 之间。这个步骤是重要的，因为它确保了隶属度的一致性和可比性。

③数学模型的构建：选择一个适合的数学模型来描述这种隶属度的分配。这可能涉及选择合适的函数形式，例如线性函数、S 型函数等。

二元对比排序法是一种将主观判断量化为模糊集合隶属函数的工具，该方法特别适用于那些不易直接量化但可以通过相对比较来评估的模糊集合，通过结合排序和数学处理将定性评价转换为可以操作的定量分析。

第2章 模糊模式识别

2.1 模糊集合的贴近度

模糊模式识别所研究的是在面对数个标准模式时，如何将一个具体对象进行分类的问题。

在研究模糊集合的贴近度时，内积和外积是比较两个模糊集合相似性的基础。设$\underset{\sim}{A},\underset{\sim}{B}\in\mathcal{T}(U)$。

（1）内积的定义如下：

$$\underset{\sim}{A}\circ\underset{\sim}{B}=\bigvee_{x\in U}[\underset{\sim}{A}(x)\wedge\underset{\sim}{B}(x)]$$

内积是衡量两个模糊集合相似度的一个指标。这个指标通过计算两个模糊集合在每一点的最小隶属度，并在整个论域中取最大值得到。

（2）外积的定义如下：

$$\underset{\sim}{A}\odot\underset{\sim}{B}=\bigwedge_{x\in U}[\underset{\sim}{A}(x)\vee\underset{\sim}{B}(x)]$$

外积反映的是两个模糊集合的区别度，即通过计算两个模糊集合在每一点的最大隶属度，并在整个论域中取最小值来实现。

内积与外积有如下性质：

（1）当$\underset{\sim}{C}(u)=(\underset{\sim}{A}\odot\underset{\sim}{B})(u)=\max\{0,\underset{\sim}{A}(u)+\underset{\sim}{B}(u)-1\}$对于所有$u\in U$成立

时，外积也可以通过模糊集合的隶属度直接计算，这提供了一种更直接的视角来看待外积。

$(\underset{\sim}{A}\odot\underset{\sim}{B})^c=\underset{\sim}{A}^c\circ\underset{\sim}{B}^c$表明外积的补集可以通过计算各自补集的内积得到，同理可知内积的补集也可以通过计算各自补集的外积得到。

（2）设 $\overline{\underset{\sim}{A}}=\bigvee\limits_{i=1}^{n}\underset{\sim}{A}_i$，$\underline{\underset{\sim}{A}}=\bigwedge\limits_{i=1}^{n}\underset{\sim}{A}_i$ 分别是 $\underset{\sim}{A}$ 的上模和下模，则有 $\underset{\sim}{A}\circ\underset{\sim}{A}=\overline{\underset{\sim}{A}}$ 和$\underset{\sim}{A}\odot\underset{\sim}{A}=\underline{\underset{\sim}{A}}$。

（3）当$\underset{\sim}{A}\subseteq\underset{\sim}{B}$时，有$\underset{\sim}{A}\circ\underset{\sim}{B}=\overline{\underset{\sim}{A}}$；反之，若$\underset{\sim}{B}\subseteq\underset{\sim}{A}$，则$\underset{\sim}{A}\odot\underset{\sim}{B}=\underline{\underset{\sim}{A}}$。这两个性质表明，在包含关系下，内积与外积可反映子集与父集之间的关系。

（4）对于任意两个模糊集合$\underset{\sim}{A},\underset{\sim}{B}\in\mathcal{T}(U)$，有

$$\underset{\sim}{A}\circ\underset{\sim}{B}\leqslant\overline{\underset{\sim}{A}}\wedge\overline{\underset{\sim}{B}}$$

$$\underset{\sim}{A}\odot\underset{\sim}{B}\geqslant\underline{\underset{\sim}{A}}\vee\underline{\underset{\sim}{B}}$$

$$\underset{\sim}{A}\circ\underset{\sim}{A}^c\leqslant\frac{1}{2}$$

$$\underset{\sim}{A}\odot\underset{\sim}{A}^c\geqslant\frac{1}{2}$$

下面是两种贴近度的定义方法：

（1）对于$\underset{\sim}{A},\underset{\sim}{B}\in\mathcal{T}(U)$，存在

$$\sigma_0(\underset{\sim}{A},\underset{\sim}{B})=\frac{1}{2}\left[\underset{\sim}{A}\circ\underset{\sim}{B}+(1-\underset{\sim}{A}\odot\underset{\sim}{B})\right]$$

此式即为$\underset{\sim}{A},\underset{\sim}{B}$的格贴近度定义。此定义结合了模糊集合的内积和外积，提供了衡量两个模糊集合相似性的量化方法。内积 $\underset{\sim}{A}\circ\underset{\sim}{B}$ 反映了两个模糊集合的相似部分，而外积 $\underset{\sim}{A}\odot\underset{\sim}{B}$ 则代表它们的不同部分。格贴近度通过这两部分的综合考量，得出一个介于 0 和 1 之间的数值，表征了两个模糊集合的相似程度。格贴近度的数值越大，表示两个模糊集合越相似。

（2）对于模糊集合$\underset{\sim}{A},\underset{\sim}{B}\in\mathcal{T}(U)$，有

$$\sigma(\underset{\sim}{A},\underset{\sim}{B})=(\underset{\sim}{A}\circ\underset{\sim}{B})\wedge(\underset{\sim}{A}\odot\underset{\sim}{B})^c$$

此定义同样使用内积和外积的概念，但以不同的方式组合。此处，贴近度是内积与外积补集的最小值。内积反映了两个模糊集合相同的程度，而外积补集则表示它们不同的程度。当两个模糊集合完全相同时，内积达到最大值1，而外积补集为0，因此贴近度为1。相反，若两个模糊集合完全不同，则内积为0，而外积补集为1，因此贴近度为0。

不同类型的贴近度可以根据特定场景和需求选择，在某些应用中人们可能更关注模糊集合的相似部分，而在另一些情况下，则可能需要更多关注它们的差异。

2.2 模糊模式识别的最大隶属原则和阈值原则

2.2.1 模糊向量

模糊向量通常用来表示论域上的模糊集合或模糊关系，模糊向量$\boldsymbol{a}=(a_1,a_2,\cdots,a_n)$的每一个元素$a_i$都表示某个元素对于某个属性的隶属度，这个隶属度的取值范围是[0,1]。

模糊向量$\boldsymbol{a}=(a_1,a_2,\cdots,a_n)$可以表示论域$U=\{x_1,x_2,\cdots,x_n\}$上的模糊集合$\underset{\sim}{A}$。在这里，每个分量$a_i$代表元素$x_i$在模糊集合$\underset{\sim}{A}$中的隶属度。这种表示法将模糊集合的隶属函数转换为向量形式，便于进行数学处理。

模糊向量$\boldsymbol{a}=(a_1,a_2,\cdots,a_n)$也可以看作一个$1\times n$的模糊矩阵。从这个角度来看，模糊向量不仅可以表示模糊集合，还可以表示模糊关系，特别是当它被用作模糊关系矩阵的行或列时。

模糊向量的运算可以定义为与经典集合论中类似的运算，例如集合的交、并、补运算。这些运算在模糊集合理论中的定义与经典集合论略有不同，主要在于考虑了元素的隶属度。

给定两个模糊向量$\boldsymbol{a},\boldsymbol{b} \in \mathcal{M}_{1\times n}$，它们的内积定义如下：

$$\boldsymbol{a} \circ \boldsymbol{b} = \bigvee_{i=1}^{n} \left(a_i \wedge b_i\right)$$

这里，内积是通过对应元素的最小值（∧）取最大（∨）来计算的。

类似地，外积定义如下：

$$\boldsymbol{a} \odot \boldsymbol{b} = \bigwedge_{i=1}^{n} \left(a_i \vee b_i\right)$$

这里，外积是通过对应元素的最大值（∨）取最小（∧）来计算的。

这两种运算为模糊向量分析和模糊模型识别提供了一种量化和比较不同模糊向量的方法。

设$\underset{\sim}{A}$是论域U上的n个模糊子集，构造一个以这些模糊集合$\underset{\sim}{A}$为分量的模糊向量，称之为模糊向量集合族，记为$\underset{\sim}{\boldsymbol{A}}$。

考虑论域U上的n个模糊子集$\underset{\sim}{A}$，其隶属函数为

$$\underset{\sim}{A}_i\left(x\right)\left(i=1,2,\cdots,n\right)$$

对于一个普通向量$\boldsymbol{x}^{\circ}=\left(x_1^{\circ},x_2^{\circ},\cdots,x_n^{\circ}\right)$，定义它对模糊向量集合族$\underset{\sim}{\boldsymbol{A}}$的隶属度如下：

$$\underset{\sim}{\boldsymbol{A}}\left(\boldsymbol{x}^{\circ}\right)=\bigwedge_{i=1}^{n}\left\{\underset{\sim}{A}_i\left(x_i^{\circ}\right)\right\}$$

这个定义利用了模糊逻辑中的“最小”运算符（∧），即将所有分量隶属度的最小值作为整个向量对模糊向量集合族的隶属度。

此外其他方式也可以定义普通向量$\boldsymbol{x}^{\circ}$对模糊向量集合族$\underset{\sim}{\boldsymbol{A}}$的隶属度，例如下面的公式：

$$\underset{\sim}{\boldsymbol{A}}\left(\boldsymbol{x}^{\circ}\right)\overset{\text{def}}{=\!=}\frac{1}{n}\sum_{i=1}^{n}\underset{\sim}{A}_i\left(x_i^{\circ}\right)$$

这种定义使用了平均值来计算隶属度，是一种考虑所有分量贡献的方法。这两种定义方法各有特点，前者更倾向于保守估计，而后者则提供了一种均衡的视角。

2.2.2 最大隶属原则

1. 最大隶属原则一

定义论域 $U=\{x_1,x_2,\cdots,x_n\}$，它可以代表一组对象、情况或可能的选择。在这个论域上，假设有 m 个模糊子集 $\underset{\sim}{A}_1,\underset{\sim}{A}_2,\cdots,\underset{\sim}{A}_m$，每个模糊子集代表一个模型，这些模型共同构成一个标准模型库。每个模糊子集 $\underset{\sim}{A}_{i_0}$ 都有一个隶属函数，这个隶属函数用于衡量论域中元素属于该模糊子集的程度。

对于论域中的任一元素 x_0，最大隶属原则一的目的是确定一个模型 $\underset{\sim}{A}_{i_0}$，使得 x_0 对于该模型的隶属度最大。具体来说就是若存在 $i_0\in\{1,2,\cdots,m\}$，使得

$$\underset{\sim}{A}_{i_0}\left(x_0\right)=\bigvee_{k=1}^{m}\underset{\sim}{A}_k\left(x_0\right)$$

则 x_0 相对隶属于模糊子集 $\underset{\sim}{A}_{i_0}$。

这个原则反映了模糊集合理论中的一个基本观点：在模糊环境下，元素的分类或识别不是绝对的，而是基于隶属度的相对性的。这一原则可以帮助决策者在一组模糊的选择中找到最合适的一个。

在应用时，论域中每个元素对于每个模型的隶属度是首先需要确定的，这通常涉及对模糊集合的隶属函数的计算，这些函数可以是基于试验数据、专家意见或其他信息源的数学表达式。

一旦隶属度计算完成，比较每个元素 x_0 在所有模型中的隶属度。最大隶属原则一通过选择隶属度最大的模型来确定与 x_0 最相似的模型。这个过

程实际上是一个最大化问题，即在所有可能的模型中寻找使得x_0隶属度最大的那一个。

这一原则的实际应用可能涉及多个领域，比如在模式识别中，最大隶属原则可以用来识别未知样本最可能属于哪一个类别；在决策支持系统中，它可以帮助决策者在一系列模糊选项中做出最佳选择；在经济学和市场研究中，最大隶属原则可以用来分析消费者的购买倾向等。

这一原则是基于模糊集合理论的一个特定应用，反映了模糊集合理论在处理不确定性和模糊性方面的优势。它允许决策者在不完全或不确定的信息环境中做出更灵活、更适应实际情况的决策。

2. 最大隶属原则二

这个原则的核心思想是在一组待识别对象中优先选择对于给定模糊模型隶属度最大的对象。

定义论域$U=\{x_1,x_2,\cdots,x_n\}$，这个论域可以代表各种不同的对象、情境或选项。这个论域上有一个标准的模糊模型$\underset{\sim}{A}$。这个模型代表了一个标准或者一组特定的属性，用于评估论域中的对象。

当面对n个待识别的对象$x_1,x_2,\cdots,x_n$时，每个对象都有一个隶属度$\underset{\sim}{A}(x_i)$，它表示该对象属于模糊模型$\underset{\sim}{A}$的程度。在最大隶属原则二的框架下，目标是在这些对象中找到一个对象x_k，使得其隶属度是所有对象中最大的，即满足

$$\underset{\sim}{A}(x_k)=\bigvee_{i=1}^{n}\left\{\underset{\sim}{A}(x_i)\right\}$$

这个原则的应用场景非常广泛，比如在模式识别中，它可以用来识别一群样本中最符合特定模式的样本；在决策支持系统中，它有助于从一系列选项中选出最符合特定标准的选项；在数据分类中，它有助于将数据分配到最符合其特性的类别。

它的优点在于提供了一种简单直观的方法来处理模糊性和不确定性。这一原则通过直接比较不同对象对于模糊模型的隶属度提供了一种基于数据的决策方法，避免了传统决策过程中可能出现的模糊性和主观性。

2.2.3 阈值原则

阈值原则为处理模糊集合和模糊关系提供了一个基于预定标准的决策过程。该原则的基本思想是在模糊模型库中设置一个阈值α，该阈值用于判断一个元素是否属于某一个或某几个模糊子集。

考虑一个由m个模糊子集$\underset{\sim}{A}_1,\underset{\sim}{A}_2,\cdots,\underset{\sim}{A}_m$构成的模糊模型库，这些模糊子集代表不同的模糊模型。对于论域$U=\{x_1,x_2,\cdots,x_n\}$中的任意元素x_0，设定一个水平$\alpha\in[0,1]$来进行判断。如果存在一组模糊子集$\underset{\sim}{A}_{i_1},\underset{\sim}{A}_{i_2},\cdots,\underset{\sim}{A}_{i_k}$，使得对于每个$j=1,2,\cdots,k$，有$\underset{\sim}{A}_{i_j}(x_0)\geqslant\alpha$，则判定$x_0$相对地隶属于这些模糊子集的交集$\underset{\sim}{A}_{i_1}\cap\underset{\sim}{A}_{i_2}\cap\cdots\cap\underset{\sim}{A}_{i_k}$。这种情况下，$x_0$被认为同时满足这些模糊子集所代表的模糊标准。

若对于所有的模糊子集$\underset{\sim}{A}_k$，元素x_0的最大隶属度都小于α，即$\overset{m}{\underset{k=1}{\vee}}\underset{\sim}{A}_k(x_0)<\alpha$，则判决为不能识别，并进行进一步的分析。这种情况表明x_0不能明确地归属于任何一个模糊子集，或者说它与所有模糊模型的相似度都低于预定的标准。

阈值原则还可以应用于单个标准模型的识别，对于某一个模糊子集$\underset{\sim}{A}_k$，若x_0的隶属度大于或等于α，即$\underset{\sim}{A}_k(x_0)\geqslant\alpha$，则判定$x_0$相对隶属于该模糊子集；相反，若$x_0$的隶属度小于$\alpha$，即$\underset{\sim}{A}_k(x_0)<\alpha$，则判定$x_0$相对不隶属于该模糊子集。这种方法允许对单个模型进行更细致的分析，以判断一个元素是否满足该模型所代表的标准或属性。

2.3　模糊模式识别的择近原则

2.3.1　择近原则

择近原则侧重于在多个模糊子集中找到与待识别模型最为相似的一个，它的核心思想在于利用一个适当的相似度度量来确定最接近的模型。

设论域U上有m个模糊子集$\underset{\sim}{A}_1, \underset{\sim}{A}_2, \cdots, \underset{\sim}{A}_m$，这些模糊子集共同构成一个标准模型库$\{\underset{\sim}{A}_1, \underset{\sim}{A}_2, \cdots, \underset{\sim}{A}_m\}$。在此背景下，存在一个待识别的模糊模型$\underset{\sim}{B} \in \mathcal{T}(U)$。择近原则的目标是在标准模型库中找到一个模糊子集，使得它与待识别模型$\underset{\sim}{B}$的相似度最大。

择近原则的操作过程涉及计算待识别模型$\underset{\sim}{B}$与每一个标准模型$\underset{\sim}{A}_k$之间的相似度，这里使用的相似度度量为σ_0。对于每一个模糊子集$\underset{\sim}{A}_k$，计算$\sigma_0\left(\underset{\sim}{A}_k, \underset{\sim}{B}\right)$，即$\underset{\sim}{B}$与$\underset{\sim}{A}_k$的相似度。根据择近原则，寻找相似度最大的模糊子集$\underset{\sim}{A}_{i_0}$，即满足

$$\sigma_0\left(\underset{\sim}{A}_{i_0}, \underset{\sim}{B}\right) = \bigvee_{k=1}^{m} \sigma_0\left(\underset{\sim}{A}_k, \underset{\sim}{B}\right)$$

当找到这样的模糊子集$\underset{\sim}{A}_{i_0}$后，待识别模型$\underset{\sim}{B}$被认为与$\underset{\sim}{A}_{i_0}$最为贴近，或者将$\underset{\sim}{B}$归并到$\underset{\sim}{A}_{i_0}$类。这种归并是基于相似度的最大化的，意味着在所有可选的标准模型中，$\underset{\sim}{B}$与$\underset{\sim}{A}_{i_0}$具有最大程度的共同特征或属性。

择近原则的效果很大程度上依赖于相似度度量的准确性，如果相似度度量方法设计不当可能会导致误分类。当标准模型库中的模型非常相似

时，择近原则可能导致多个模型具有近似相等的最大相似度，这在某些情况下可能需要进一步的判断或者额外的信息来辅助决策。

2.3.2 多个特性的择近原则

多个特性的择近原则在模糊数学中用于解决复杂的识别和分类问题，特别是当对象或情境涉及多个特性或属性时。这种原则基于贴近度的概念，允许更全面地评估和比较模糊向量集合族间的相似度。

设论域 U 上有两个模糊向量集合族 $\underset{\sim}{\boldsymbol{A}}$ 和 $\underset{\sim}{\boldsymbol{B}}$，它们分别表示为 $\underset{\sim}{\boldsymbol{A}}=(\underset{\sim}{A}_1,\underset{\sim}{A}_2,\cdots,\underset{\sim}{A}_n)$ 和 $\underset{\sim}{\boldsymbol{B}}=(\underset{\sim}{B}_1,\underset{\sim}{B}_2,\cdots,\underset{\sim}{B}_n)$。这些模糊向量集合族可以代表不同的概念、对象或情境，每个向量的分量代表一个特性或属性。

$\underset{\sim}{\boldsymbol{A}}$ 和 $\underset{\sim}{\boldsymbol{B}}$ 的贴近度的定义如下：

$$\sigma(\underset{\sim}{\boldsymbol{A}},\underset{\sim}{\boldsymbol{B}})=\overset{n}{\underset{i=1}{\wedge}}\sigma\left(\underset{\sim}{A}_i,\underset{\sim}{B}_i\right)$$

在多个特性的择近原则中，$\underset{\sim}{\boldsymbol{A}}$ 和 $\underset{\sim}{\boldsymbol{B}}$ 的贴近度可以通过不同的方式计算。这些计算方法反映了不同的评估标准和侧重点，从而为特定的实际问题提供了灵活的解决方案。

（1）第一种贴近度计算方法是取所有特性贴近度的最大值，即

$$\sigma(\underset{\sim}{\boldsymbol{A}},\underset{\sim}{\boldsymbol{B}})=\overset{n}{\underset{i=1}{\vee}}\sigma\left(\underset{\sim}{A}_i,\underset{\sim}{B}_i\right)$$

这种方法强调在所有特性中最相似的那一个，适用于强调最优特性的场合。

（2）第二种方法是考虑所有特性的加权平均贴近度，即

$$\sigma(\underset{\sim}{\boldsymbol{A}},\underset{\sim}{\boldsymbol{B}})=\sum_{i=1}^{n}a_i\sigma\left(\underset{\sim}{A}_i,\underset{\sim}{B}_i\right)$$

其中，$a_i \in [0,1]$，且$\sum_{i=1}^{n} a_i = 1$。这种方法在评估时考虑到了每个特性的重要性，适用于需要综合考虑所有特性的情况。

（3）第三种方法结合了最大值和加权因素，即

$$\sigma(\underset{\sim}{\boldsymbol{A}}, \underset{\sim}{\boldsymbol{B}}) = \bigvee_{i=1}^{n} \left[a_i \sigma\left(\underset{\sim}{A}_i, \underset{\sim}{B}_i \right) \right]$$

其中，$a_i \in [0,1]$，且$\bigvee_{i=1}^{n} a_i = 1$。

（4）第四种方法则是将加权因素与每个特性的贴近度取最小值后，再从中选择最大值，即

$$\sigma(\underset{\sim}{\boldsymbol{A}}, \underset{\sim}{\boldsymbol{B}}) = \bigvee_{i=1}^{n} \left[a_i \wedge \sigma\left(\underset{\sim}{A}_i, \underset{\sim}{B}_i \right) \right]$$

其中，$a_i \in [0,1]$，且$\bigvee_{i=1}^{n} a_i = 1$。

选择适当的贴近度计算方法取决于具体的应用场景和目标。在一些情况下，某一特性的重要性可能需要被强调，而在其他情况下，所有特性的综合影响则可能需要被考虑。

论域U上的n个模糊子集$\underset{\sim}{A}_1, \underset{\sim}{A}_2, \cdots, \underset{\sim}{A}_n$构成一个标准模型库。每个模型$\underset{\sim}{A}_i$被$m$个特性刻画，可表示为$\underset{\sim}{A}_i = (\underset{\sim}{A}_{i1}, \underset{\sim}{A}_{i2}, \cdots, \underset{\sim}{A}_{im})$。这种表示方法将每个模糊模型细分为多个特性，允许对每个特性进行单独评估和比较。

待识别模型$\underset{\sim}{B}$同样由m个特性组成，表示为$\underset{\sim}{B} = (\underset{\sim}{B}_1, \underset{\sim}{B}_2, \cdots, \underset{\sim}{B}_m)$。在多个特性的择近原则中，目标是确定$\underset{\sim}{B}$与哪个模糊子集$\underset{\sim}{A}_i$在所有特性上最为接近。

为了实现这一目标，首先计算$\underset{\sim}{B}$与每个模糊子集$\underset{\sim}{A}_i$在所有特性上的贴近度。这是通过计算每个特性的贴近度并取最小值来完成的，即

$$s_i = \bigwedge_{j=1}^{m} \sigma\left(\underset{\sim}{A}_{ij}, \underset{\sim}{B}_j \right) (i = 1, 2, \cdots, n)$$

其中，σ是特性间的贴近度函数，而$\overset{m}{\underset{j=1}{\wedge}}$表示取所有特性的贴近度的最小值，以确保每个特性都在一定程度上与待识别模型相近。

然后，从所有模糊子集中选择贴近度最大的那个。若存在一个模糊子集$\underset{\sim}{A}_{i_0}$，使得其对应的s_{i_0}是所有s_i中的最大值，即

$$s_{i_0}=\overset{n}{\underset{i=1}{\vee}}s_i$$

则$\underset{\sim}{B}$可以被认为最接近$\underset{\sim}{A}_{i_0}$，或者说$\underset{\sim}{B}$隶属于$\underset{\sim}{A}_{i_0}$。这种方法的优势在于它不仅考虑到了单一特性上的相似度，还综合考虑到了所有特性，从而提供了一种全面评估待识别模型与标准模型相似度的方法。

在处理多属性决策问题、复杂模式识别和数据分类任务时，多个特性的择近原则能够更准确地识别和分类复杂的模糊对象或情境。大家通过考虑每个特性的贴近度，并在此基础上进行综合评估，可以更全面地理解待识别模型的特性，并可以做出更精确的归类。

2.3.3 改进贴近度

如前面所述，在模糊集合$\underset{\sim}{A}$和$\underset{\sim}{B}$均存在完全属于自身和完全不属于自身的元素的情况下，格贴近度$M(x)=\sigma_0(\underset{\sim}{A},\underset{\sim}{B})$能较为客观地展现$\underset{\sim}{A}$与$\underset{\sim}{B}$之间的贴近程度。然而，格贴近度本身存在一些局限性。根据格贴近度的性质，有

$$\sigma_0(\underset{\sim}{A},\underset{\sim}{A})=\frac{1}{2}[\underset{\sim}{A}+(1-\underset{\sim}{A})]$$

通常情况下，$\sigma_0(\underset{\sim}{A},\underset{\sim}{A})$并不等于1，只有当$\underset{\sim}{A}=1$且$\underset{\sim}{A}=0$时，$\sigma_0(\underset{\sim}{A},\underset{\sim}{A})$才等于1。

这些情况表明，格贴近度是特定条件下的产物，其自身具有一定的限

制性，并且在某些情况下无法真实地反映实际情境。因此，人们试图对其进行改进，这就引出了下面将要介绍的贴近度的公理化定义。

假设$\mathcal{F}(U)$是论域U的模糊幂集，如果映射

$$\sigma:\mathcal{F}(U)\times\mathcal{F}(U)\to[0,1]$$

$$(\underset{\sim}{A},\underset{\sim}{B})\mapsto\sigma(\underset{\sim}{A},\underset{\sim}{B})\in[0,1]$$

满足以下条件：

（1）对于所有$A\in\mathcal{F}(U)$，有$\sigma(\underset{\sim}{A},\underset{\sim}{A})=1$；

（2）对于所有$\underset{\sim}{A},\underset{\sim}{B}\in\mathcal{F}(U)$，有$\sigma(\underset{\sim}{A},\underset{\sim}{B})=\sigma(\underset{\sim}{B},\underset{\sim}{A})$；

（3）若$A\subseteq B\subseteq C$，则有$\sigma(\underset{\sim}{A},\underset{\sim}{C})\subseteq\sigma(\underset{\sim}{A},\underset{\sim}{B})\wedge\sigma(\underset{\sim}{B},\underset{\sim}{C})$。

那么称$\sigma(\underset{\sim}{A},\underset{\sim}{B})$为$\underset{\sim}{A}$与$\underset{\sim}{B}$之间的贴近度。

公理化定义有效避免了格贴近度的不足，因而具备理论价值。但是，这种定义没有提供具体的贴近度计算方法，导致其在实际操作中不够方便。

因此，人们尽管意识到格贴近度存在缺陷，但出于计算方便的考虑，仍然倾向于在处理某些实际问题时使用它。与此同时，许多具体的贴近度定义也出现在了应用中。

设论域U为有限集，即$U=\{x_1,x_2,\cdots,x_n\}$，则贴近度的几种具体定义如下：

（1）

$$\sigma_1(\underset{\sim}{A},\underset{\sim}{B})\xlongequal{\text{def}}\frac{\sum_{k=1}^{n}\left[\underset{\sim}{A}(x_k)\wedge\underset{\sim}{B}(x_k)\right]}{\sum_{k=1}^{n}\left[\underset{\sim}{A}(x_k)\vee\underset{\sim}{B}(x_k)\right]}$$

(2)

$$\sigma_2(\underset{\sim}{A},\underset{\sim}{B}) \overset{\text{def}}{=\!=\!=} \frac{2\sum_{k=1}^{n}\left[\underset{\sim}{A}(x_k)\wedge \underset{\sim}{B}(x_k)\right]}{\sum_{k=1}^{n}\left[\underset{\sim}{A}(x_k)+\underset{\sim}{B}(x_k)\right]}$$

(3) 距离贴近度定义为

$$\sigma_3(\underset{\sim}{A},\underset{\sim}{B}) \overset{\text{def}}{=\!=\!=} 1-\frac{1}{n}\sum_{k=1}^{n}|\underset{\sim}{A}(x_k)-\underset{\sim}{B}(x_k)|$$

(4)

$$\sigma_4(\underset{\sim}{A},\underset{\sim}{B}) \overset{\text{def}}{=\!=\!=} 1-\frac{1}{n}\left[\sum_{k=1}^{n}|\underset{\sim}{A}(x_k)-\underset{\sim}{B}(x_k)|^2\right]^{\frac{1}{2}}$$

对于实数域**R**上的论域U，贴近度的定义可扩展如下：

$$\sigma_1(\underset{\sim}{A},\underset{\sim}{B}) \overset{\text{def}}{=\!=\!=} \frac{\int_{-\infty}^{+\infty}\left[\underset{\sim}{A}(x)\wedge \underset{\sim}{B}(x)\right]\mathrm{d}x}{\int_{-\infty}^{+\infty}\left[\underset{\sim}{A}(x)\vee \underset{\sim}{B}(x)\right]\mathrm{d}x}$$

$$\sigma_2(\underset{\sim}{A},\underset{\sim}{B}) \overset{\text{def}}{=\!=\!=} \frac{\int_{-\infty}^{+\infty}\left[\underset{\sim}{A}(x)\wedge \underset{\sim}{B}(x)\right]\mathrm{d}x}{\int_{-\infty}^{+\infty}\underset{\sim}{A}(x)\mathrm{d}x+\int_{-\infty}^{+\infty}\underset{\sim}{B}(x)\mathrm{d}x}$$

$$\sigma_3(\underset{\sim}{A},\underset{\sim}{B}) \overset{\text{def}}{=\!=\!=} 1-\frac{1}{\beta-\alpha}\int_{\alpha}^{\beta}|\underset{\sim}{A}(x)-\underset{\sim}{B}(x)|\,\mathrm{d}x, U=[\alpha,\beta]$$

然后将推导出适用于实数域**R**的一个实用正态模糊集合贴近度公式。假设有两个正态模糊集合$\underset{\sim}{A}$和$\underset{\sim}{B}$，它们分别定义如下：

$$\underset{\sim}{A}(x)=\exp\left[-\left(\frac{x-a_1}{\sigma_1}\right)^2\right]$$

$$\underset{\sim}{B}(x)=\exp\left[-\left(\frac{x-a_2}{\sigma_2}\right)^2\right]$$

这两个模糊集合曲线的交点横坐标为

$$x^* = \frac{\sigma_2 a_1 + \sigma_1 a_2}{\sigma_1 + \sigma_2}$$

且满足 $a_1 < x^* < a_2$。

据此，可以得到如下相应的贴近度公式：

$$\sigma_1(\underset{\sim}{A},\underset{\sim}{B}) = \frac{\int_{-\infty}^{x^*} \exp\left[-\left(\frac{x-a_2}{\sigma_2}\right)^2\right]\mathrm{d}x + \int_{x^*}^{+\infty} \exp\left[-\left(\frac{x-a_1}{\sigma_1}\right)^2\right]\mathrm{d}x}{\int_{-\infty}^{x^*} \exp\left[-\left(\frac{x-a_1}{\sigma_1}\right)^2\right]\mathrm{d}x + \int_{x^*}^{+\infty} \exp\left[-\left(\frac{x-a_2}{\sigma_2}\right)^2\right]\mathrm{d}x}$$

为简化计算，设 $t = \frac{x-a_1}{\sigma_1}$，$\mathrm{d}x = \sigma_1 \mathrm{d}t$，则有

$$\int_{-\infty}^{x^*} \exp\left[-\left(\frac{x-a_1}{\sigma_1}\right)^2\right]\mathrm{d}x = \sigma_1 \int_{-\infty}^{t^*} \exp(-t^2)\mathrm{d}t$$

$$\int_{x^*}^{+\infty} \exp\left[-\left(\frac{x-a_1}{\sigma_1}\right)^2\right]\mathrm{d}x = \sigma_1 \int_{t^*}^{+\infty} \exp(-t^2)\mathrm{d}t$$

$$\int_{-\infty}^{+\infty} \exp\left[-\left(\frac{x-a_1}{\sigma_1}\right)^2\right]\mathrm{d}x = \sigma_1 \int_{-\infty}^{+\infty} \exp(-t^2)\mathrm{d}t$$

类似地，设 $t = \frac{a_2-x}{\sigma_2}$，则有

$$\int_{-\infty}^{x^*} \exp\left[-\left(\frac{x-a_2}{\sigma_2}\right)^2\right]\mathrm{d}x = \sigma_2 \int_{-\infty}^{t^*} \exp(-t^2)\mathrm{d}t$$

$$\int_{x^*}^{+\infty} \exp\left[-\left(\frac{x-a_2}{\sigma_2}\right)^2\right]\mathrm{d}x = \sigma_2 \int_{t^*}^{+\infty} \exp(-t^2)\mathrm{d}t$$

$$\int_{-\infty}^{+\infty} \exp\left[-\left(\frac{x-a_2}{\sigma_2}\right)^2\right]\mathrm{d}x = \sigma_2 \int_{-\infty}^{+\infty} \exp(-t^2)\mathrm{d}t$$

将上述公式代入贴近度公式，得

$$\sigma_1(\underset{\sim}{A},\underset{\sim}{B})=\frac{\int_{t^*}^{+\infty}\exp(-t^2)\mathrm{d}t}{\int_{-\infty}^{t^*}\exp(-t^2)\mathrm{d}t}$$

考虑到

$$\int_{-\infty}^{+\infty}\exp(-t^2)\mathrm{d}t=\sqrt{\pi}$$

并定义

$$\Phi(x)=\int_{-\infty}^{x}\frac{1}{\sqrt{2\pi}}\exp\left(-\frac{t^2}{2}\right)\mathrm{d}t$$

因此

$$\begin{aligned}\int_{t^*}^{+\infty}\exp(-t^2)\mathrm{d}t&=\int_{t^*}^{+\infty}\exp\left[-\frac{\left(\sqrt{2}t\right)^2}{2}\right]\frac{1}{\sqrt{2}}\mathrm{d}\left(\sqrt{2}t\right)\\&=\frac{1}{\sqrt{2}}\int_{\sqrt{2}t^*}^{+\infty}\exp\left(-\frac{t^2}{2}\right)\mathrm{d}t\\&=\sqrt{\pi}\int_{\sqrt{2}t^*}^{+\infty}\frac{1}{\sqrt{2\pi}}\exp\left(-\frac{t^2}{2}\right)\mathrm{d}t\\&=\sqrt{\pi}\left[1-\int_{-\infty}^{\sqrt{2}t^*}\frac{1}{\sqrt{2\pi}}\exp\left(-\frac{t^2}{2}\right)\mathrm{d}t\right]\\&=\sqrt{\pi}\left[1-\Phi\left(\sqrt{2}t^*\right)\right]\end{aligned}$$

类似地，有

$$\int_{-\infty}^{t^*}\exp(-t^2)\mathrm{d}t=\sqrt{\pi}\int_{-\infty}^{\sqrt{2}t^*}\frac{1}{\sqrt{2\pi}}\exp\left(-\frac{t^2}{2}\right)\mathrm{d}t=\sqrt{\pi}\Phi\left(\sqrt{2}t^*\right)$$

对于 $t^*=\dfrac{a_2-a_1}{\sigma_1+\sigma_2}>0$ 的情形，若 $a_1>a_2$，则可取 $\sqrt{2}t^*=\dfrac{\sqrt{2}(a_1-a_2)}{\sigma_1+\sigma_2}$，代入贴近度公式，得

$$\sigma_1(\underset{\sim}{A},\underset{\sim}{B})=\frac{\int_{t^*}^{+\infty}\exp(-t^2)\mathrm{d}t}{\int_{-\infty}^{t^*}\exp(-t^2)\mathrm{d}t}$$

在模糊数学领域，模糊模型识别和模糊聚类分析虽然均属于分类问题的范畴，但它们之间存在显著的差异。模糊模型识别关注的是在已知一组模型或一个标准模型库（例如优质作物品种、印刷体的阿拉伯数字等）的前提下，确定一个待识别模型属于哪个模型或类别。这种方法通常基于预先定义好的模型库来判断新实体的类别归属。其核心思想在于使用已建立的模型来分类未知模型，以达到识别的目的。模糊模型识别的实质是利用模型库中的已有模型为待识别模型提供一个参照框架，从而辨识出其最为相近或相符的模型。

模糊聚类分析处理的是一组尚未分类的样本，且它在分类过程开始时并没有可供参照的模型。其主要任务是根据样本的特性或属性，对其进行适当的分类，创建出新的模型或类别。在模糊聚类中，分类是基于样本内在属性的相似度进行的，这一过程不依赖于任何预先定义的模型或标准。因此，模糊聚类分析是一种无模型的分类问题，其目标在于从数据本身出发，探索并建立分类模型。模糊聚类通常作为先行步骤，通过分析和处理原始数据来建立标准模型，这些模型随后可以作为模糊模型识别的基础。

这两种方法的结合是非常常见的，通常先通过模糊聚类方法建立一组标准模型，然后利用这些模型进行模糊模型识别，以判别、预测或预报待识别模型的类别。在这个过程中，模糊聚类分析不仅为识别任务提供了必要的模型库，还在划分类别时考虑了数据的模糊性和不确定性。因此，虽然模糊聚类分析和模糊模型识别在方法论上有所区别，但它们在实际应用中往往相辅相成，共同构成了一个综合的模糊分类框架。这种结合使用的方法不仅提高了分类的准确性，而且还增强了模型的适应性和灵活性，使之能更好地应对复杂多变的实际问题。

第3章　模糊关系与模糊映射

3.1　模糊关系的定义与合成性质

3.1.1　模糊关系的定义

模糊关系作为经典集合论中普通关系的推广，在理解和描述不确定性或模糊性方面起着至关重要的作用。以层级关系为例，这是一个典型的普通关系，其特点是明确和确定的。然而，在现实生活中，许多关系如“熟悉程度”等并不是这样绝对的，而是具有一定的模糊性。这种模糊性体现在关系的程度或强度上，而不是简单的是或不是。

论域U,V上的一个模糊子集$\underset{\sim}{R}\in\mathcal{F}(U\times V)$被称为$U$到$V$的模糊关系，记为$U\xrightarrow{\underset{\sim}{R}}V$。其隶属函数定义为如下映射：

$$\mathcal{M}_{\underset{\sim}{R}}:U\times V\to[0,1]$$

其中，

$$(x,y)\mapsto\mathcal{M}_{\underset{\sim}{R}}(x,y)=\underset{\sim}{R}(x,y)$$

这个隶属函数衡量了U中的元素x和V中的元素y之间在模糊关系$\underset{\sim}{R}$下的关联程度。

在经典集合论中，关系要么存在（真），要么不存在（假）。而在模糊集合理论中，隶属函数允许关系在不同程度上存在。例如，在模糊关系

“熟悉”中，两个人之间的熟悉程度可以是部分的，而不仅仅是完全熟悉或完全不熟悉。这种灵活性使得模糊关系能够更贴近现实生活中的复杂性和多样性。

模糊关系作为传统关系概念的推广，为不确定性和模糊性的处理提供了有效工具。

（1）模糊关系的相等性定义如下：

$$\underset{\sim}{R}_1 = \underset{\sim}{R}_2 \Leftrightarrow \underset{\sim}{R}_1(x,y) = \underset{\sim}{R}_2(x,y)$$

即两个模糊关系在所有论域元素对上的隶属度相同。这种相等性是模糊关系分析中的基础概念，用于确定两个模糊关系是否在所有情况下都具有相同的关联程度。

（2）包含概念如下：

$$\underset{\sim}{R}_1 \subseteq \underset{\sim}{R}_2 \Leftrightarrow \underset{\sim}{R}_1(x,y) \leqslant \underset{\sim}{R}_2(x,y)$$

即第一个模糊关系在每一对元素上的隶属度不超过第二个模糊关系，这在分析子集或更广泛关系时非常重要。

（3）模糊关系的并运算如下：

$$\left(\underset{\sim}{R}_1 \cup \underset{\sim}{R}_2\right)(x,y) = \underset{\sim}{R}_1(x,y) \vee \underset{\sim}{R}_2(x,y)$$

并运算反映了两个模糊关系的综合关联程度。这在合并两个模糊关系时尤为关键，如在多标准决策制定中。

（4）交运算如下：

$$\left(\underset{\sim}{R}_1 \cap \underset{\sim}{R}_2\right)(x,y) = \underset{\sim}{R}_1(x,y) \wedge \underset{\sim}{R}_2(x,y)$$

交运算用于确定两个模糊关系共同存在的程度。

（5）余运算如下：

$$\underset{\sim}{R}^c(x,y) = 1 - \underset{\sim}{R}(x,y)$$

余运算表示模糊关系的否定，即元素对不属于模糊关系的程度。

对于有限论域$U=\{x_1,x_2,\cdots,x_m\},V=\{y_1,y_2,\cdots,y_n\}$，模糊关系$\underset{\sim}{R}$可以通过$m\times n$模糊矩阵$\boldsymbol{R}=\left(r_{ij}\right)_{m\times n}$来表示。在这个矩阵中，$r_{ij}=\underset{\sim}{R}\left(x_i,y_j\right)\in[0,1]$表示$\left(x_i,y_j\right)$对模糊关系$\underset{\sim}{R}$的隶属度。

在模式识别中，模糊关系可以用来描述不同特征之间的关联程度。在决策支持系统中，模糊关系可用于分析不同决策因素之间的相互作用。在社会科学和经济学中，模糊关系被用来分析人类行为和市场趋势等复杂现象。人们通过模糊关系的并、交和余运算，可以从不同角度综合考虑各种因素，从而更全面地理解和解释复杂的现象。

3.1.2 模糊关系的合成性质

模糊关系的合成可以被视为模糊逻辑中的推理过程，其中一个模糊关系的输出成为另一个模糊关系的输入。

设有三个论域X,Y,Z，其中$\underset{\sim}{R}_1$是X到Y的模糊关系，$\underset{\sim}{R}_2$是Y到Z的模糊关系，$\underset{\sim}{R}_1\circ\underset{\sim}{R}_2$定义了一个从$X$到$Z$的模糊关系。这种合成关系的隶属函数通过$Y$中的中介元素表示了$X$中元素和$Z$中元素之间的间接关联程度。

当$\underset{\sim}{R}\in\mathcal{F}(X\times X)$时，$\underset{\sim}{R}^2=\underset{\sim}{R}\circ\underset{\sim}{R}$定义了模糊关系的自合成，这在许多实际应用中非常有用，例如在模糊控制系统中模拟系统的多步骤行为。更一般地，$\underset{\sim}{R}^n=\underset{\sim}{R}^{n-1}\circ\underset{\sim}{R}$定义了模糊关系的更高次合成。

在有限论域的情况下，模糊关系的合成可以转化为模糊矩阵的合成。设$X=\{x_1,x_2,\cdots,x_m\},Y=\{y_1,y_2,\cdots,y_s\},Z=\{z_1,z_2,\cdots,z_n\}$为有限论域，且

$$\boldsymbol{R}_1=\left(a_{ik}\right)_{m\times s}\in\mathcal{F}(X\times Y)$$

$$\boldsymbol{R}_2=\left(b_{kj}\right)_{s\times n}\in\mathcal{F}(Y\times Z)$$

那么

$$\boldsymbol{R}_1\circ\boldsymbol{R}_2=\boldsymbol{C}=\left(c_{ij}\right)_{m\times n}\in\mathcal{F}(X\times Z)$$

其中，

$$c_{ij}=\bigvee_{k=1}^{s}\left(a_{ik}\wedge b_{kj}\right)$$

这种模糊矩阵的合成在处理复杂模糊系统时非常有用，模糊推理系统、模糊控制系统和模糊决策支持系统通过计算模糊关系的合成，可以模拟系统中元素间的复杂交互作用，并预测系统的整体行为。例如，在模糊控制系统中控制规则通常表示为模糊关系，而系统状态的演化可以通过模糊关系的合成来模拟。这不仅增强了对系统行为的理解，还为设计更有效控制策略提供了基础。

模糊关系合成的性质在有限论域下与模糊矩阵合成的性质一致。

1. 结合律

$$(\underset{\sim}{A}\circ\underset{\sim}{B})\circ\underset{\sim}{C}=\underset{\sim}{A}\circ(\underset{\sim}{B}\circ\underset{\sim}{C})$$

结合律揭示了模糊关系合成的顺序不影响最终结果。由于模糊关系合成本质上是一种逻辑运算，其运算顺序不改变最终的关联程度。这一性质在进行多步模糊逻辑推理时尤为重要，确保了推理的一致性和可靠性。

2. 分配律

$$\underset{\sim}{A}\circ(\underset{\sim}{B}\cup\underset{\sim}{C})=(\underset{\sim}{A}\circ\underset{\sim}{B})\cup(\underset{\sim}{A}\circ\underset{\sim}{C})$$

$$(\underset{\sim}{B}\cup\underset{\sim}{C})\circ\underset{\sim}{A}=(\underset{\sim}{B}\circ\underset{\sim}{A})\cup(\underset{\sim}{C}\circ\underset{\sim}{A})$$

分配律揭示了模糊关系合成在并运算中的分布性，即合成关系可以独立于每个单独的模糊关系来计算，再将结果结合起来。

3. 转置性质

$$(\underset{\sim}{A}\circ\underset{\sim}{B})^{\mathrm{T}}=\underset{\sim}{B}^{\mathrm{T}}\circ\underset{\sim}{A}^{\mathrm{T}}$$

转置性质表明模糊关系合成的转置等于各自转置后的模糊关系的合成。这一性质在处理对称性问题或进行矩阵运算时非常有用。

4. 单调性质

$$\underset{\sim}{A} \subseteq \underset{\sim}{B}, \underset{\sim}{C} \subseteq \underset{\sim}{D} \Rightarrow \underset{\sim}{A} \circ \underset{\sim}{C} \subseteq \underset{\sim}{B} \circ \underset{\sim}{D}$$

$$\underset{\sim}{A} \subseteq \underset{\sim}{B} \Rightarrow \underset{\sim}{A} \circ \underset{\sim}{C} \subseteq \underset{\sim}{B} \circ \underset{\sim}{C}$$

$$\underset{\sim}{C} \circ \underset{\sim}{A} \subseteq \underset{\sim}{C} \circ \underset{\sim}{B}, \underset{\sim}{A}^n \subseteq \underset{\sim}{B}^n$$

单调性质揭示了模糊关系合成的单调性，即如果一个模糊关系是另一个模糊关系的子集，那么它们的合成也遵循同样的包含关系。这一性质在模糊规则推理和模糊系统设计中尤为重要，因为它确保了系统的稳定性和可预测性。

3.2 模糊等价与模糊兼容关系

3.2.1 模糊等价关系

传统的等价关系通常用于确定集合的划分，即将集合分为互不重叠的子集，模糊等价关系则将这一概念推广到模糊集合的范畴，从而允许更灵活地处理分类问题。

模糊等价关系$\underset{\sim}{R}$必须满足三个基本条件：自反性、对称性和传递性。

1. 自反性

自反性要求模糊关系在其自身的合成下保持不变，即$\underset{\sim}{R}^2 = \underset{\sim}{R} \circ \underset{\sim}{R}$。这表明在模糊等价关系中，任何元素$x$与其自身的关联程度是最大的。换句话说每个元素都与自身“完全相等”。

2. 对称性

对称性要求模糊关系的转置与其自身相等，即$\underset{\sim}{R}^{\mathrm{T}} = \underset{\sim}{R}$。这意味着在模

糊等价关系中，如果元素x与元素y具有某种程度的关联，那么y与x的关联程度与其必须相同。对称性保证了模糊等价关系的一致性和互惠性。

3. 传递性

传递性是模糊等价关系中最重要的属性，它要求模糊关系的自合成应等于该关系本身，即$\underset{\sim}{R}^2=\underset{\sim}{R}$。这确保了如果元素$x$与$y$之间有一定程度的关联，且$y$与$z$之间也有一定程度的关联，那么$x$与$z$之间也应存在某种关联。传递性使模糊等价关系能够用于构建具有层次结构的分类。

模糊等价关系通过允许元素之间具有部分相等性，在社会网络分析中可以用于识别具有相似兴趣或特征的个体或群体，而在医学诊断中它们有助于将病人根据症状或病史分为不同的类别。

3.2.2　模糊等价矩阵

1. 模糊等价矩阵的定义

当论域$U=\{x_1,x_2,\cdots,x_n\}$为有限论域时，U的模糊等价关系可表示为$n\times n$模糊等价矩阵。在前面的内容中本书简单介绍了模糊等价关系$\underset{\sim}{R}$必须满足的三个基本条件，即自反性、对称性和传递性，所以模糊等价矩阵的定义也需要围绕这三个条件来进行。

设论域$U=\{x_1,x_2,\cdots,x_n\},\boldsymbol{R}\in\mathcal{M}_{n\times n},\boldsymbol{I}$为单位矩阵，若$\boldsymbol{R}$满足

（1）自反性$\boldsymbol{I}\leqslant\boldsymbol{R}\left(\Leftrightarrow r_{ii}=1\right)$；

（2）对称性$\boldsymbol{R}^{\mathrm{T}}=\boldsymbol{R}\left(\Leftrightarrow r_{ij}=r_{ji}\right)$；

（3）传递性$\boldsymbol{R}\circ\boldsymbol{R}\leqslant\boldsymbol{R}\left(\Leftrightarrow \bigvee\limits_{k=1}^{n}\left(r_{ik}\wedge r_{kj}\right)\leqslant r_{ij}\right)$。

则称$\boldsymbol{R}$为模糊等价矩阵。

根据其自反性$r_{ii}=1$可得

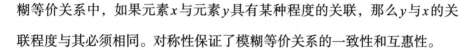

$$\bigvee_{k=1}^{n}\left(r_{ik}\wedge r_{kj}\right)\geqslant r_{ii}\wedge r_{ij}=r_{ij}$$

根据其传递性$\bigvee_{k=1}^{n}\left(r_{ik}\wedge r_{kj}\right)\leqslant r_{ij}$可得

$$\bigvee_{k=1}^{n}\left(r_{ik}\wedge r_{kj}\right)=r_{ij}$$

所以

$$\boldsymbol{R}\circ\boldsymbol{R}=\boldsymbol{R}$$

2. 模糊等价矩阵的性质

$\boldsymbol{R}$是模糊等价矩阵当且仅当对于所有$\lambda\in[0,1]$，$\boldsymbol{R}_\lambda$都是等价的布尔矩阵，这个条件包含了自反性、对称性和传递性三个关键方面。

（1）自反性：

$$\boldsymbol{I}\leqslant\boldsymbol{R}\Leftrightarrow\forall\lambda\in[0,1],\boldsymbol{I}_\lambda\leqslant\boldsymbol{R}_\lambda$$

对于任意的阈值λ，$\boldsymbol{R}_\lambda$在对角线上的元素都是 1，这符合自反性的要求。在布尔矩阵中，自反性意味着每个元素与自己相关联。

（2）对称性：

$$\boldsymbol{R}^{\mathrm{T}}=\boldsymbol{R}\Leftrightarrow\left(\boldsymbol{R}^{\mathrm{T}}\right)_\lambda=\boldsymbol{R}_\lambda$$

$\boldsymbol{R}$的转置在任意λ水平下都等于原矩阵。因此，$\boldsymbol{R}_\lambda$在布尔逻辑下也是对称的，即如果x_i与x_j有关联，那么x_j与x_i也有同样的关联。

（3）传递性：

$$\boldsymbol{R}\circ\boldsymbol{R}=\boldsymbol{R}\Leftrightarrow\boldsymbol{R}_\lambda\circ\boldsymbol{R}_\lambda=\boldsymbol{R}_\lambda$$

$\boldsymbol{R}_\lambda$满足传递性，即如果x_i与x_j有关联，且x_j与x_k有关联，那么x_i与x_k也应当有关联。

以上公式将模糊等价矩阵转化为等价的布尔矩阵，即有限论域上的普通等价关系，而等价关系是可以分类的。因此，当λ在$[0,1]$上变动时，由$\boldsymbol{R}_\lambda$得到不同的分类。

如果给定一个模糊等价矩阵$\boldsymbol{R} \in \mathcal{M}_{n\times n}$，对于任意的$\lambda, \mu \in [0,1]$且$\lambda < \mu$，由$\boldsymbol{R}_\mu$决定的分类中的每个类是由$\boldsymbol{R}_\lambda$决定的分类中的某个类的子类。这意味着当阈值从$\mu$降低到$\lambda$时，分类变得更加粗糙，即每个类别变得更大，包含更多的元素。

证明这一定理涉及比较如下两个不同阈值下的模糊等价矩阵：

$$\boldsymbol{R}_\lambda = \left(r_{ij}^{(\lambda)}\right)_{n\times n}$$

$$\boldsymbol{R}_\mu = \left(r_{ij}^{(\mu)}\right)_{n\times n}$$

对于任意$\lambda, \mu \in [0,1]$且$\lambda < \mu$，以下关系成立：

$$r_{ij}^{(\mu)} = 1 \Leftrightarrow r_{ij} \geqslant \mu \Rightarrow r_{ij} > \lambda \Leftrightarrow r_{ij}^{(\lambda)} = 1$$

这表明，如果在μ阈值下，两个元素i, j被划分到同一个类别中（$r_{ij}^{(\mu)} = 1$），那么在λ阈值下，它们也必定在同一个类别中（$r_{ij}^{(\lambda)} = 1$）。因此，$\boldsymbol{R}_\mu$的分类是$\boldsymbol{R}_\lambda$分类的一个细化。也就是说，随着λ值的减小，分类由细变粗，形成了一个动态的聚类图，这就是模糊分类的本质。

在应用模糊数学解决具体问题时，创建模糊等价关系或模糊等价矩阵通常面临一定的困难，主要原因在于满足传递性这一要求的困难性。相较之下，构建具备自反性和对称性的模糊关系或模糊矩阵（通常称为模糊相似矩阵）相对容易得多，一旦创建了这样的模糊相似矩阵，接下来的任务便是将其转化为同时满足传递性、自反性和对称性的模糊等价关系或模糊等价矩阵，以便于进一步的数据分类和分析。

3.2.3　模糊兼容关系

模糊兼容关系定义在一个或多个论域上，主要用于描述论域内元素之间的相似性或兼容性。在模糊数学的框架下，这种关系通过映射来表示，映射的形式可以用以下公式来描述：

$$\boldsymbol{R}: X \times X \to [0,1]$$

其中，X代表一个论域，可以是任何一组对象、概念或实体的集合。函数$\boldsymbol{R}(x,y)$给出了x和y这两个元素之间兼容性或相似性的度量。这个度量是一个实数，其值介于0（表示完全不兼容或不相似）到1（表示完全兼容或相同）之间。这种度量方式提供了比传统的二元关系（如集合论中的元素要么属于要么不属于一个集合）更细腻的刻画。

举一个实际的例子，考虑一个论域为颜色的集合。在这个颜色论域中，红色（x）和粉红色（y）之间的模糊兼容关系$\boldsymbol{R}(x,y)$可能接近1，因为它们在视觉上非常相似。相反，红色（x）和绿色（z）之间的模糊兼容关系$\boldsymbol{R}(x,z)$可能接近0，因为它们在视觉上差异较大。

模糊兼容关系的灵活性在于其能够量化和表达不同程度的相似性或兼容性，这不仅使得它在处理人类的感知和认知问题时变得极其有效，还使得它在机器学习、模式识别和其他需要处理不完全数据或模糊信息的领域中有很大的作用。

3.2.4 模糊相似矩阵

当论域U为有限集合时，模糊兼容关系可通过模糊相似矩阵$\boldsymbol{R}$来表示。模糊相似矩阵是一种特殊的模糊矩阵，它能够表征论域中各元素之间的相似度或兼容性。

假设论域$U=\{x_1,x_2,\cdots,x_n\}$，其中n表示元素的总数。这个论域上的模糊相似矩阵$\boldsymbol{R}$可以定义为一个$n\times n$的矩阵，其元素r_{ij}表示元素x_i和x_j之间的相似度，r_{ij}的值介于0（完全不相似）到1（完全相似）之间。模糊相似矩阵$\boldsymbol{R}$必须满足以下条件。

1. 自反性

对于任意i，$r_{ii}=1$。这表示每个元素与自身完全相似。

$$\boldsymbol{I}\leqslant\boldsymbol{R}\left(\Leftrightarrow r_{ii}=1\right)$$

2. 对称性

对于任意i和j，$r_{ij}=r_{ji}$。这意味着相似度是相互的。

$$\boldsymbol{R}^{\mathrm{T}}=\boldsymbol{R}\left(\Leftrightarrow r_{ij}=r_{ji}\right)$$

假设$\boldsymbol{R}\in\mathcal{M}_{m\times m}$是一个模糊相似矩阵，那么对于任意自然数$k$，$\boldsymbol{R}^k$（$\boldsymbol{R}$的$k$次幂）也是一个模糊相似矩阵。这个性质可以通过数学归纳法证明。

当$k=1$时，显然$\boldsymbol{R}^k=\boldsymbol{R}$是一个模糊相似矩阵。现在假设当$k=n$时，$\boldsymbol{R}^n$是一个模糊相似矩阵。下面需要证明当$k=n+1$时，$\boldsymbol{R}^{n+1}$也是一个模糊相似矩阵。

由于$\boldsymbol{R}^n$是模糊相似矩阵，它必须满足自反性和对称性。下面考虑$\boldsymbol{R}^{n+1}=\boldsymbol{R}^n\circ\boldsymbol{R}$。对于自反性有

$$r_{ii}^{(n+1)}=\bigvee_{k=1}^{m}(r_{ik}^{(n)}\wedge r_{ki})$$

由于$r_{ii}^{(n)}=1$（自反性）和$r_{ki}=r_{ik}$（对称性），所以$r_{ii}^{(n+1)}=1$。

对于对称性需要证明对于任意的i和j，$r_{ij}^{(n+1)}=r_{ji}^{(n+1)}$。这可以通过以下等式证明：

$$\begin{aligned}r_{ij}^{(n+1)}&=\bigvee_{k=1}^{m}(r_{ik}^{(n)}\wedge r_{kj})\\&=\bigvee_{k=1}^{m}(r_{ki}^{(n)}\wedge r_{jk})\end{aligned}$$

由于$r_{ki}^{(n)}=r_{ik}^{(n)}$（对称性），所以

$$r_{ij}^{(n+1)}=r_{ji}^{(n+1)}$$

由此证明了$\boldsymbol{R}^{n+1}$也是一个模糊相似矩阵，这个性质说明模糊相似矩阵在幂运算下保持其基本特性。

在模糊数学中，将模糊相似矩阵转换为模糊等价矩阵是一个很必要的过程，尤其是在进行数据分类和模式识别时。这个过程涉及求取模糊相似矩阵的传递闭包，从而使其满足传递性，传递性是模糊等价矩阵的一个关键特征。

传递闭包是指对于一个给定的模糊相似矩阵$\boldsymbol{R}$，找到一个具有传递性的最小模糊矩阵$t(\boldsymbol{R})=\boldsymbol{R}^k$，使得对于任意大于某个自然数$k$的数$l$，$\boldsymbol{R}^l$等于$\boldsymbol{R}^k$。

设论域$U=\{x_1,x_2,\cdots,x_n\}$，模糊相似矩阵$\boldsymbol{R}\in\mathcal{M}_{n\times n}$。根据模糊矩阵理论，可以求得传递闭包$t(\boldsymbol{R})=\boldsymbol{R}^k$，其中$k\leqslant n$。具体证明如下：

由于$\boldsymbol{R}$是模糊相似矩阵，它具有自反性，所以传递闭包$t(\boldsymbol{R})$可以表示如下：

$$t(\boldsymbol{R})=\bigcup_{m=1}^{n}\boldsymbol{R}^m=\boldsymbol{R}^n$$

由于n是有限的，所以存在一个最小的自然数$k\leqslant n$，使得

$$t(\boldsymbol{R})=\boldsymbol{R}^k$$

对于任意$l>k$，可以证明

$$t(\boldsymbol{R})=\boldsymbol{R}^k\subseteq\boldsymbol{R}^l\subseteq\bigcup_{m=1}^{+\infty}\boldsymbol{R}^m=t(\boldsymbol{R})$$

因此，$\boldsymbol{R}^l=\boldsymbol{R}^k$。由于$\boldsymbol{R}^k$是模糊相似矩阵，并且具有传递性，所以$t(\boldsymbol{R})=\boldsymbol{R}^k$是模糊等价矩阵。

为了求得传递闭包$t(\boldsymbol{R})$，大家可以使用一种称为二次方法的简单且实用的方法。这个方法从模糊相似矩阵$\boldsymbol{R}$出发，通过依次求解其幂来寻找传递闭包。具体步骤如下：

（1）从$\boldsymbol{R}$开始，依次计算$\boldsymbol{R}^2$，$\boldsymbol{R}^4$，…，$\boldsymbol{R}^{2^i}$，直到满足条件为止；

（2）当第一次出现$\boldsymbol{R}^k \circ \boldsymbol{R}^k = \boldsymbol{R}^k$时（这表示$\boldsymbol{R}^k$具有传递性），$\boldsymbol{R}^k$就是所求的传递闭包$t(\boldsymbol{R})$。

在涉及模糊数据分类、模式识别和决策支持系统的场合，将模糊相似矩阵转换为模糊等价矩阵能够更准确地识别出数据集中的模式和结构，并能够进行有效的分类。这不仅提高了数据处理的精确性，还有助于人们更好地理解和解释复杂的模糊现象。

3.3　模糊映射

3.3.1　映射与映射的扩展

1. 映射

映射定义了一个从一个集合到另一个集合的元素对应关系。在更正式的数学语言中，映射定义如下。

假设有两个非空集合X和Y，映射f是一个规则，它将X中的每个元素x唯一地对应到Y中的一个元素y。这可以用以下公式表示：

$$f: X \to Y$$

$$x \mapsto f(x) = y \in Y$$

其中，y被称为x在映射f下的像，而x是y的原像。映射f的定义域是集合X，记为$D(f)$，而映射f的值域是$f(X)$，即X中所有元素的像的集合，记为$R(f)$。通常情况下，值域$f(X)$是Y的子集。如果$f(X)=Y$，即每个Y中的元素都是X中某个元素的像，那么映射f称为从X到Y的满映射。

映射是函数的推广。在微积分中，区间$[a,b]\subseteq\mathbf{R}$上定义的一元函数$f(x)$实际上是从$\left[a,b\right]$到$\mathbf{R}$的映射。例如，一个函数可以表示如下：

$$f:[a,b]\to\mathbf{R}$$

$$x\mapsto f(x)=y$$

其中，$f(x)$是x的像，即当输入x时，函数f返回值是y。

如果映射$f:X\to Y$满足对于任意$x_1,x_2\in X$，只要$x_1\neq x_2$，就有$f(x_1)\neq f(x_2)$，那么称映射f是从X到Y的一对一映射。这意味着X中的不同元素在映射f下有不同的像，即没有两个不同的元素映射到同一个Y中的元素。

如果映射$f:X\to Y$既是一对一映射又是满映射，那么称f是从X到Y的一对一对应。在一对一对应中，X和Y中的每个元素都精确地对应于另一个集合中的唯一元素，没有任何遗漏或重复。这种映射创建了X和Y之间的完美配对。

2. 特征函数

特征函数可以将集合理论中的概念转化为函数分析，从而使集合间的运算和关系更加清晰和易于操作。

对于论域U中的任意集合A，其特征函数χ_A定义为如下映射：

$$\chi_A:U\to\{0,1\}$$

此映射规定对于论域U中的每一个元素x，若x属于集合A，则$\chi_A(x)=1$；若x不属于集合A，则$\chi_A(x)=0$。因此，特征函数可以被视为一种将集合的元素映射到$\{0,1\}$的方法，其中1表示元素属于集合，而0表示不属于。

特征函数与其对应的集合之间存在密切的关系。例如，对于实数集U中的集合$A=\{x||x|\leqslant1\}$，其特征函数如下：

$$\chi_A(x)=\begin{cases}1, & |x|\leqslant 1\\ 0, & |x|>1\end{cases}$$

从这个例子可以看出，特征函数完全由集合A确定，并且特征函数本身又能完全确定集合A。这说明特征函数是描述集合的另一种方式。

特征函数与集合之间的一些基本关系可以被表述如下。

（1）空集与全集：

$$A=U \Leftrightarrow \chi_A(x)=1$$

$$A=\varnothing \Leftrightarrow \chi_A(x)=0$$

（2）子集关系：

$$A\subseteq B \Leftrightarrow \chi_A(x)\leqslant \chi_B(x)$$

（3）集合相等关系：

$$A=B \Leftrightarrow \chi_A(x)=\chi_B(x)$$

特征函数还具有一些重要的运算性质，它们与集合的并集、交集和补集运算相对应：

（1）并集运算：

$$\chi_{A\cup B}(x)=\chi_A(x)\vee \chi_B(x)$$

（2）交集运算：

$$\chi_{A\cap B}(x)=\chi_A(x)\wedge \chi_B(x)$$

（3）补集运算：

$$\chi_{A^c}(x)=1-\chi_A(x)$$

这些特征函数的性质不仅使集合的运算和关系可以通过函数的方式来表示和分析，还为处理集合论中的问题提供了一种简洁而强大的方法。特征函数被广泛用于数学、计算机科学、逻辑学以及经济学等领域。特征函数的引入，为集合的描述、分析和操作提供了一个更为数学化、形式化的工具。特征函数可以将集合论中的问题转化为函数分析的问题，可以使得集合间的运算和关系的处理更加直观和方便。

3. 映射的扩展

点集映射是一种将单个元素映射到一个集合的映射。具体来说就是如果一个映射 $f: X \to Y$ 将 X 中的元素 x 映射到 Y 中的元素 $f(x)$，那么点集映射可以定义如下：

$$f: X \to \mathcal{F}(Y)$$

$$x \mapsto f(x) = B \in \mathcal{F}(Y)$$

其中，$\mathcal{F}(Y)$ 表示 Y 的幂集，即 Y 的所有子集的集合。点集映射实际上是将 X 中的每个元素 x 映射到 Y 的一个子集 B 上。这种映射在许多领域都非常有用，例如，在图论中，一个顶点可以映射到一个与之相邻的顶点集合；在数据库理论中，一个查询可以映射到一组结果等。

映射的扩展是集合变换，它不是将单个元素映射到另一个单个元素，而是将一个集合映射到另一个集合。设映射 $F: \mathcal{F}(X) \to \mathcal{F}(Y)$，映射的扩展可以定义如下：

$$F: \mathcal{F}(X) \to \mathcal{F}(Y)$$

$$A \mapsto F(A)$$

其中，A 是 X 的一个子集，$F(A)$ 是 Y 的一个子集。集合变换可以用于描述更复杂的关系，如在集合论、拓扑学和函数分析中的操作。这种映射在处理无穷大集合或者连续变化的集合问题时尤其有用。

映射的扩展使得映射不再局限于单个元素之间的关系，而是可以处理集合之间的复杂关系。这对于理解和分析那些涉及集合间相互作用的数学问题非常重要。例如，在数学分析中，利用集合变换可以研究函数的连续性和极限；在概率论中，随机变量可以被看作将样本空间映射到实数的集合变换。

经典扩展原理定义了如何将映射f从作用于单个元素的层面扩展到作用于整个集合的层面。设映射$f:X\to Y$，其将X中的元素x映射到Y中的元素y。对于X的任意子集A，$f(A)$定义为Y中所有可以作为A中某个元素的像的元素集合，即

$$f(A)=\{y\in Y|\ y=f(x),x\in A\}$$

同样，对于Y的任意子集B，$f^{-1}(B)$定义为X中所有映射到B中的元素的集合，即

$$f^{-1}(B)=\{x\in X|\ f(x)\in B\}$$

根据经典扩展原理，映射$f:X\to Y$诱导出如下两个新的映射。

（1）从$\mathcal{F}(X)$到$\mathcal{F}(Y)$的映射f:

$$A\mapsto f(A)\in\mathcal{F}(Y)$$

（2）从$\mathcal{F}(Y)$到$\mathcal{F}(X)$的逆映射f^{-1}：

$$B\mapsto f^{-1}(B)\in\mathcal{F}(X)$$

这些映射有助于讨论集合间的关系以及集合的像和原像。

在扩展原理的框架下，集合的像和原像可以通过特征函数来描述。特征函数将集合的像和原像表示为逻辑表达式，以便于分析和计算。对于A的像$f(A)$和B的原像$f^{-1}(B)$，其特征函数分别为

$$\chi_{f(A)}(y)=\bigvee_{f(x)=y}\chi_A(x)$$

$$\chi_{f^{-1}(B)}(x)=\chi_B(f(x))$$

其中，“$\vee$”表示逻辑或运算，即从一组逻辑表达式中选取真值为真的表达式。

3.3.2 模糊映射

将上节的内容推广到模糊子集，称映射

$$\underset{\sim}{f}: X \to \mathcal{F}(Y)$$

$$x \mapsto \underset{\sim}{f}(x) = \underset{\sim}{B}$$

为模糊映射，其中$\underset{\sim}{B}$是一个模糊子集，属于Y的幂集$\mathcal{F}(Y)$。对于每一个X中的元素x，$\underset{\sim}{f}(x)$是一个模糊集合，而不是Y中的单个元素。

给定模糊映射$\underset{\sim}{f}$，它将集合X中的元素映射到集合Y的模糊子集。这里X和Y分别表示不同的论域。对于X中的每一个元素x_i，模糊映射$\underset{\sim}{f}(x_i)$是Y的一个模糊子集，这可以通过如下方式表示：

$$\underset{\sim}{f}(x_i) = \left(r_{i1}, r_{i2}, \cdots, r_{im}\right)$$

其中，r_{ij}表示元素x_i对应于元素y_j的隶属度，即x_i属于y_j的程度。

根据上述定义可以构建一个模糊矩阵$\boldsymbol{R}_f$来唯一确定模糊关系。该矩阵的每一行代表一个来自X的元素映射到Y的模糊子集。矩阵的形式如下：

$$\boldsymbol{R}_f = \begin{pmatrix} r_{11} & r_{12} & \cdots & r_{1m} \\ r_{21} & r_{22} & \cdots & r_{2m} \\ \vdots & \vdots & & \vdots \\ r_{n1} & r_{n2} & \cdots & r_{nm} \end{pmatrix}$$

其中，矩阵中的元素r_{ij}代表x_i到y_j的模糊映射程度。

由模糊矩阵$\boldsymbol{R}_f$可以唯一确定模糊关系$\underset{\sim}{\boldsymbol{R}}_f(x_i, y_j) = r_{ij}$，这个关系表示$x_i$对于$y_j$的隶属程度。

3.4　模糊转换

3.4.1　模糊转换的定义

模糊转换允许从模糊集合到模糊集合的映射，从而为处理模糊信息和模糊系统提供了更大的灵活性和适用性。模糊转换是一种特殊类型的映射，它将一个论域上的模糊集合映射到另一个论域上的模糊集合。

假设一个模糊关系矩阵由元素r_{ij}组成，其中，r_{ij}表示$x_i \in X$和$y_j \in Y$之间的模糊关系的程度。模糊关系矩阵$\boldsymbol{R}$可以表示如下：

$$\boldsymbol{R} = \begin{pmatrix} r_{11} & r_{12} & \cdots & r_{1m} \\ r_{21} & r_{22} & \cdots & r_{2m} \\ \vdots & \vdots & & \vdots \\ r_{n1} & r_{n2} & \cdots & r_{nm} \end{pmatrix}$$

根据模糊关系矩阵$\boldsymbol{R}$可以构造一个模糊映射$\underset{\sim}{f}_{\boldsymbol{R}}$，它将$X$中的每个元素$x_i$映射到$Y$的一个模糊子集。这个模糊映射定义如下：

$$\underset{\sim}{f}_{\boldsymbol{R}} : X \to \mathcal{F}(Y)$$

$$x_i \mapsto \underset{\sim}{f}_{\boldsymbol{R}}(x_i) = \left(r_{i1}, r_{i2}, \cdots, r_{im}\right)$$

模糊变换$\underset{\sim}{F}$是一种将模糊集合从一个论域映射到另一个论域的变换。它将X上的模糊集合$\underset{\sim}{A}$映射到Y上的模糊集合$\underset{\sim}{B}$。模糊变换定义如下：

$$\underset{\sim}{F} : \mathcal{F}(X) \to \mathcal{F}(Y)$$

$$\underset{\sim}{A} \mapsto \underset{\sim}{F}(\underset{\sim}{A}) = \underset{\sim}{B}$$

如果模糊变换$\underset{\sim}{F}$满足一定的线性条件，那么它可以被称为模糊线性变换。这些条件如下：

（1）对于模糊集合的并集，有

$$\underset{\sim}{F}(\underset{\sim}{A}\cup\underset{\sim}{B})=\underset{\sim}{F}(\underset{\sim}{A})\cup\underset{\sim}{F}(\underset{\sim}{B})。$$

（2）对于模糊集合的标量乘法，有

$$\underset{\sim}{F}(\lambda\underset{\sim}{A})=\lambda\underset{\sim}{F}(\underset{\sim}{A})。$$

3.4.2 模糊转换的类型

模糊转换可以根据其输入和输出的数量和类型分为多种类型，每种类型具有其特定的应用场景和数学表达式。

1. 单输入单输出（single input−single output, SISO）模糊转换

单输入单输出模糊转换是最简单的模糊转换形式。在这种类型的转换中，一个单一的输入模糊集合映射到一个单一的输出模糊集合。

例如，设$\underset{\sim}{A}$是定义在论域X上的模糊集合，$\underset{\sim}{F}$是从$\mathcal{F}(X)$到$\mathcal{F}(Y)$的模糊转换，则$\underset{\sim}{F}(\underset{\sim}{A})$是定义在$Y$上的模糊集合。

数学表达式如下：

$$\underset{\sim}{F}:\mathcal{F}(X)\to\mathcal{F}(Y)$$

$$\underset{\sim}{A}\mapsto\underset{\sim}{F}(\underset{\sim}{A})=\underset{\sim}{B}$$

其中，$\underset{\sim}{A}\in\mathcal{F}(X)$，$\underset{\sim}{B}\in\mathcal{F}(Y)$。

2. 多输入单输出（multiple input−single output, MISO）模糊转换

多输入单输出模糊转换涉及多个输入模糊集合和一个输出模糊集合。这种类型的转换在模糊控制系统中非常常见，如模糊逻辑控制器。

设$\underset{\sim}{A}_1,\underset{\sim}{A}_2,\cdots,\underset{\sim}{A}_n$是定义在论域$X_1,X_2,\cdots,X_n$上的模糊集合，$\underset{\sim}{F}$是一个从$\mathcal{F}(X_1)\times\mathcal{F}(X_2)\times\cdots\times\mathcal{F}(X_n)$到$\mathcal{F}(Y)$的模糊转换，则$\underset{\sim}{F}(\underset{\sim}{A}_1,\underset{\sim}{A}_2,\cdots,\underset{\sim}{A}_n)$是定义在$Y$上的模糊集合。

数学表达式如下：

$$\underset{\sim}{F}:\mathcal{F}(X_1)\times\mathcal{F}(X_2)\times\cdots\times\mathcal{F}(X_n)\to\mathcal{F}(Y)$$

$$(\underset{\sim}{A}_1,\underset{\sim}{A}_2,\cdots,\underset{\sim}{A}_n)\mapsto \underset{\sim}{F}(\underset{\sim}{A}_1,\underset{\sim}{A}_2,\cdots,\underset{\sim}{A}_n)=\underset{\sim}{B}$$

其中，$\underset{\sim}{A}_i \in \mathcal{F}(X_i)(i=1,2,\cdots,n)$，$\underset{\sim}{B}\in \mathcal{F}(Y)$。

3. 多输入多输出（multiple input, multiple output, MISO）模糊转换

多输入多输出模糊转换是更复杂的模糊转换类型，其中多个输入模糊集合映射到多个输出模糊集合。这种转换在复杂系统的建模和分析中尤为重要。

设$\underset{\sim}{A}_1,\underset{\sim}{A}_2,\cdots,\underset{\sim}{A}_n$是定义在论域$X_1,X_2,\cdots,X_n$上的模糊集，$\underset{\sim}{F}$是一个从$\mathcal{F}(X_1)\times\mathcal{F}(X_2)\times\cdots\times\mathcal{F}(X_n)$到$\mathcal{F}(Y_1)\times\mathcal{F}(Y_2)\times\cdots\times\mathcal{F}(Y_m)$的模糊转换，则$\underset{\sim}{F}(\underset{\sim}{A}_1,\underset{\sim}{A}_2,\cdots,\underset{\sim}{A}_n)$是一组定义在$Y_1,Y_2,\cdots,Y_m$上的模糊集。

数学表达式如下：

$$\underset{\sim}{F}:\mathcal{F}(X_1)\times\mathcal{F}(X_2)\times\cdots\times\mathcal{F}(X_n)\to\mathcal{F}(Y_1)\times\mathcal{F}(Y_2)\times\cdots\times\mathcal{F}(Y_m)$$

$$(\underset{\sim}{A}_1,\underset{\sim}{A}_2,\cdots,\underset{\sim}{A}_n)\mapsto \underset{\sim}{F}(\underset{\sim}{A}_1,\underset{\sim}{A}_2,\cdots,\underset{\sim}{A}_n)=(\underset{\sim}{B}_1,\underset{\sim}{B}_2,\cdots,\underset{\sim}{B}_m)$$

其中，$\underset{\sim}{A}_i \in \mathcal{F}(X_i)(i=1,2,\cdots,n)$，$\underset{\sim}{B}_j \in \mathcal{F}(Y_j)(j=1,2,\cdots,m)$。

3.4.3　模糊转换的数学属性

下面是模糊转换的几个数学属性。

1. 可逆性

可逆性是指存在一个转换，可以将模糊转换的结果恢复到其原始状态。设$\underset{\sim}{F}$是从$\mathcal{F}(X)$到$\mathcal{F}(Y)$的模糊转换，若存在另一个模糊转换$\underset{\sim}{G}$从$\mathcal{F}(Y)$到$\mathcal{F}(X)$，使得对于所有$\underset{\sim}{A}\in\mathcal{F}(X)$，有$\underset{\sim}{G}(\underset{\sim}{F}(\underset{\sim}{A}))=\underset{\sim}{A}$，则称$\underset{\sim}{F}$是可逆的。

可逆性的数学表达式如下：

$$\underset{\sim}{G}(\underset{\sim}{F}(\underset{\sim}{A}))=\underset{\sim}{A}$$

2. 连续性

连续性是指当输入模糊集合的轻微变化导致输出模糊集合的轻微变化时，模糊转换被认为是连续的。设$\underset{\sim}{F}$是一个模糊转换，若对于任意的

模糊集合序列$\{\underset{\sim}{A}_n\}$，当$\underset{\sim}{A}_n$逐渐接近$\underset{\sim}{A}$时，$\underset{\sim}{F}(\underset{\sim}{A}_n)$逐渐接近$\underset{\sim}{F}(\underset{\sim}{A})$，则$\underset{\sim}{F}$是连续的。

连续性的数学表达式如下：

$$\lim_{n\to\infty}\underset{\sim}{F}(\underset{\sim}{A}_n)=\underset{\sim}{F}\left(\lim_{n\to\infty}\underset{\sim}{A}_n\right)$$

3. 单调性

单调性是指如果一个模糊集合在某种意义上“小于”另一个模糊集合，那么它们的模糊转换结果也保持这种顺序。对于任意两个模糊集合$\underset{\sim}{A},\underset{\sim}{B}\in\mathcal{F}(X)$，若$\underset{\sim}{A}\subseteq\underset{\sim}{B}$，则有$\underset{\sim}{F}(\underset{\sim}{A})\subseteq\underset{\sim}{F}(\underset{\sim}{B})$。

单调性的数学表达式如下：

$$\underset{\sim}{A}\subseteq\underset{\sim}{B}\Rightarrow\underset{\sim}{F}(\underset{\sim}{A})\subseteq\underset{\sim}{F}(\underset{\sim}{B})$$

可逆性允许模糊系统的不同状态之间进行转换，而保持系统的基本性质不变。连续性保证了模糊系统对小的输入变化反应的稳定性，而单调性则确保了模糊系统在输入变化时的输出一致性和预测性。

3.4.4 模糊转换的构造方法

以下是构造模糊转换的几种常见方法。

1. 基于隶属函数的构造方法

利用隶属函数构造模糊转换，首先需要定义一个或多个隶属函数，这些函数反映了输入和输出之间的模糊关系。

例如，假设有一个温度控制系统，温度范围是X，控制命令的集合是Y。定义一个隶属函数$\mu_{高温}(x)$来表示温度x属于“高温”的程度。然后，根据这个隶属度定义模糊转换$\underset{\sim}{F}_{温度控制}$，其可能的形式如下：

$$\underset{\sim}{F}_{温度控制}(x)=\begin{cases}\text{“开空调”}, & \mu_{高温}(x)>0.5\\ \text{“关空调”}, & \mu_{高温}(x)\leqslant 0.5\end{cases}$$

2. 基于模糊关系的构造方法

模糊关系描述了不同论域中元素之间的模糊联系。利用模糊关系，可以构造出描述这些联系的模糊转换。这种方法通常涉及模糊关系矩阵的构造和应用。

设$\boldsymbol{R}$是定义在$X \times Y$上的模糊关系矩阵，那么模糊转换定义如下：

$$\underset{\sim}{F}(x) = \bigcup_{y \in Y} R(x, y) / y$$

其中，$R(x, y)$是x和y之间的模糊关系程度。

3. 基于模糊规则的构造方法

模糊规则是一种基于“如果－那么”语句的推理机制，它描述了输入和输出之间的模糊逻辑关系。定义一组模糊规则，可以构造出模糊转换。

设有如下一组模糊规则：

如果X是A_i，那么Y是B_i

其中，A_i和B_i分别是定义在X和Y上的模糊集合。那么，模糊转换$\underset{\sim}{F}$可以构造如下：

$$\underset{\sim}{F}(x) = \bigcup_{i} (\mu_{A_i}(x) \wedge B_i)$$

其中，$\mu_{A_i}(x)$是x对A_i的隶属度。

以上三种构造方法各有特点和适用场景。基于隶属函数的构造方法直观且容易实现，适合于直接关系明显的情况。基于模糊关系的构造方法更适合处理复杂的系统，其中元素间的相互作用可以通过模糊关系矩阵来描述。而基于模糊规则的构造方法则适合于那些可以通过一组规则来表达输入输出关系的情况。

第4章　模糊逻辑与推理

4.1　模糊命题与模糊逻辑运算

4.1.1　模糊命题的定义

模糊数学的产生和发展的根本的动力在于，人们希望一部分自然语言能变成机器能接受的算法语言，以实现控制。然而，传统数学及控制理论难以完成这一任务，因此人们寄希望于模糊集合理论。将自然语言符号化，并进行运算，是实现其目标的先决条件①。

模糊命题是模糊逻辑中的一个基本概念，它与经典逻辑中的命题有本质的区别。在经典逻辑中，命题是一个明确的陈述，其真值非真即假。相反，模糊命题允许真值在一定范围内变化，这反映了现实世界中不确定性和模糊性的存在。

（1）真值范围：经典命题的真值只能是 0（假）或 1（真）。而模糊命题的真值是一个介于 0 和 1 之间的实数，表示该命题为真的程度。

（2）真值特性：在模糊逻辑中，命题的真值不再是绝对的“是”或“否”，而是 0 到 1 之间的任何值。例如，对于模糊命题“今天天气很热”，

---

① 赵德齐．模糊数学 [M]. 北京：中央民族大学出版社，1995：133.

如果今天的温度是 30 ℃，这个命题的真值可能是 0.7，而如果温度达到 35 ℃，其真值可能是 0.9。

模糊命题通常用语言变量和隶属函数来表达，这有助于描述和处理现实世界中的模糊概念。

（1）语言变量：是模糊命题中使用的变量，它的值不是具体的数字，而是语言上的描述。例如，“温度”可以是一个语言变量，其值可以是“低”“中”或“高”。

（2）隶属函数：模糊命题中的语言变量值由隶属函数来量化。隶属函数将语言变量的每个可能值映射到 [0,1] 区间上的一个实数，该实数表示该值属于某一模糊集合的程度。

例如，考虑模糊命题“温度很高”时，定义一个隶属函数 $\mu_{高温}(t)$ 来量化“高温”的程度。该函数可能具有如下形式：

$$\mu_{高温}(t)=\begin{cases}0, & t<25\,°\mathrm{C}\\ \dfrac{t-25}{10}, & 25\,°\mathrm{C}\leqslant t<35\,°\mathrm{C}\\ 1, & t\geqslant 35\,°\mathrm{C}\end{cases}$$

在这个例子中，温度 t 为 30 ℃时，$\mu_{高温}(30)=0.5$，这表示温度为 30 ℃时“温度很高”的真值为 0.5。

4.1.2　模糊逻辑运算基础

模糊逻辑中的基本运算包括模糊与（AND）、模糊或（OR）和模糊非（NOT）。

1. 模糊与

如果 $\underset{\sim}{A}$ 和 $\underset{\sim}{B}$ 是两个模糊集合，那么它们的模糊与运算定义如下：

$$(\underset{\sim}{A}\ \text{AND}\ \underset{\sim}{B})(x)=\min\left\{\mu_{\underset{\sim}{A}}(x),\mu_{\underset{\sim}{B}}(x)\right\}$$

2. 模糊或

类似地，模糊或运算定义如下：

$$(\underset{\sim}{A}\ \text{OR}\ \underset{\sim}{B})(x)=\max\left\{\mu_{\underset{\sim}{A}}(x),\mu_{\underset{\sim}{B}}(x)\right\}$$

3. 模糊非

对于模糊集合$\underset{\sim}{A}$，其模糊非运算定义如下：

$$(\text{NOT}\ \underset{\sim}{A})(x)=1-\mu_{\underset{\sim}{A}}(x)$$

模糊逻辑运算具有一些重要的数学性质，这些性质类似于经典逻辑中的性质，但有所不同，由于模糊逻辑的连续性质，这些运算表现出更丰富的动态行为。

（1）结合律：对于模糊逻辑运算，结合律仍然成立。例如，对于模糊与运算，有

$$(\underset{\sim}{A}\ \text{AND}\ (\underset{\sim}{B}\ \text{AND}\ \underset{\sim}{C}))(x)=((\underset{\sim}{A}\ \text{AND}\ \underset{\sim}{B})\ \text{AND}\ \underset{\sim}{C})(x)$$

（2）交换律：模糊逻辑运算也遵守交换律。例如，对于模糊或运算，有

$$(\underset{\sim}{A}\ \text{OR}\ \underset{\sim}{B})(x)=(\underset{\sim}{B}\ \text{OR}\ \underset{\sim}{A})(x)$$

（3）分配律：模糊逻辑中的分配律可能与经典逻辑中的略有不同，这主要是因为最大值和最小值运算的引入。例如，模糊逻辑中的分配律表述为

$$(\underset{\sim}{A}\ \text{AND}\ (\underset{\sim}{B}\ \text{OR}\ \underset{\sim}{C}))(x)=(\underset{\sim}{A}\ \text{AND}\ \underset{\sim}{B})(x)\ \text{OR}\ (\underset{\sim}{A}\ \text{AND}\ \underset{\sim}{C})(x)$$

4.1.3 模糊命题的量化与评估

在模糊逻辑中隶属函数是描述模糊集合中元素属于某个集合程度的数学工具。构造隶属函数通常需要根据实际情况和应用领域的特点来决定。

1. 线性函数

对于一些简单的模糊概念，使用线性函数来描述隶属度。例如，一个温度模糊集合可以用如下线性隶属函数来表示“温暖”的程度：

$$\mu_{温暖}(t)=\begin{cases}0, & t<15\ ^\circ\mathrm{C}\\ \dfrac{t-15}{10}, & 15\ ^\circ\mathrm{C}\leqslant t<25\ ^\circ\mathrm{C}\\ 1, & t\geqslant 25\ ^\circ\mathrm{C}\end{cases}$$

2. 非线性函数

对于更复杂的情况，使用如 S 型函数或高斯函数来更准确地描述隶属度。例如，

$$\mu_{非常热}(t)=\mathrm{e}^{-\frac{(t-30)^2}{5}}$$

模糊命题的量化涉及将模糊概念转化为具体的数值，以便于分析和处理。

（1）隶属度的计算：计算模糊集合中每个元素的隶属度，以量化模糊命题。例如，对于温度模糊集合，计算不同温度下“温暖”的隶属度。

（2）表示方法：隶属度的数值通常为介于 0 和 1 之间的实数，这反映了元素属于某个模糊集合的程度。例如，“温暖”这一模糊概念在 20 ℃时的隶属度可能是 0.5。

4.2 模糊语言

4.2.1 模糊变量

1. 模糊变量的定义

语言变量是由扎德在1975年提出的[①]，其是为了更好地理解和实现模糊逻辑和模糊推理。模糊变量是基于语言变量的概念，其每个值都由一个模糊变量来描述。

一个模糊变量可以通过一个三元组$(X,U,R(X;u))$来定义。其中，X是变量名称，代表模糊变量的标识或名称；U是论域，是一个有限或无限的集合，代表模糊变量的可能取值的范围；$R(X;u)$是U上的一个模糊子集，表示当变量X取值为u时所施加的模糊限制。

$x \in X$和$u \in U$是指模糊变量X和基础变量u的取值，$R(X;u)$是模糊限制的表示，有时可以简写为$R(X)$（变量X的限制）或$R(u)$（变量u的限制）。不加限制的非模糊变量u构成了X的基础变量。

赋值方程$x=u:R(X)$描述的是在模糊限制$R(X)$下将值u赋予变量x。这个方程的核心问题在于如何量化和解释模糊限制。

一致性$C(u)$定义如下：

$$C(u)=\mu_{R(X)}(u)$$

其中，$\mu_{R(X)}(u)$是隶属函数，表示u属于$R(X)$的程度。

---

① ZADEH L A. The Concept of a Linguistic Variable and Its Application to Approximate Reasoning—I[J]. Information Sciences, 1975, 8(3): 199–249.

在模糊逻辑中，一个关键的概念是模糊关系$R(X_1,X_2,\cdots,X_n)$，它定义在多个论域的笛卡尔积上，即$U_1\times U_2\times\cdots\times U_n$。这种关系可以用来表示多个模糊变量之间的复杂相互作用。

关注模糊关系中的某几个变量时，投影操作可以得到所谓的边缘限制。如果有一个n元的模糊关系$R(X_1,X_2,\cdots,X_n)$，对这个关系进行投影，就可以得到一个k元的边缘限制$R(X_{i_1},X_{i_2},\cdots,X_{i_k})$。

边缘限制的隶属函数定义如下：

$$\mu_{R(X_{i_1},X_{i_2},\cdots,X_{i_k})}\left(u_{(\boldsymbol{a})}\right)=\bigvee_{\boldsymbol{a}'}\mu_{R(X_1,X_2,\cdots,X_n)}(u)$$

其中，$\boldsymbol{a}'$ 是元组$\boldsymbol{a}=(i_1,i_2,\cdots,i_k)$关于整个集合$(1,2,\cdots,n)$的补集。

这个公式的意思是，边缘限制的隶属度是原始n元关系中所有相关元素隶属度的最大值。这允许从一个复杂的多维模糊关系中提取出关于特定变量组合的信息。

这种从高维模糊关系中提取边缘限制的方法可以用来简化问题，使人们能够集中关注最重要的变量和它们之间的关系。例如，在模糊控制系统中，大家可能不需要考虑所有输入变量的完整组合，而只关注几个关键变量的相互作用即可。

2. 模糊变量的条件限制

假设$R(X_1,X_2,\cdots,X_n)$是一个多元模糊限制，其条件限制可以通过固定一部分变量的值来获得。例如，若R是一个四元限制，条件限制$R(5,X_2,3,X_4)$可以通过固定X_1和X_3的值来得到。

条件限制的隶属函数形式转化为

$$\mu_{R(x_1,x_2,\cdots,x_k)}\left(u_1,\cdots,u_n \mid u_{i_1}=u_{i_1}^0,\cdots,u_{i_k}=u_{i_k}^0\right)$$

这个公式说明了如何在给定条件限制下，计算各变量的隶属度。它描述了特定条件下（例如，X_1和X_3被固定）的模糊限制的程度。

3. 可分的模糊限制

一个n元模糊限制$R(X_1,X_2,\cdots,X_n)$被称为可分的，当且仅当它可以表示为如下一元限制的笛卡尔积：

$$R(X_1,X_2,\cdots,X_n)=R(X_1)\times R(X_2)\times\cdots\times R(X_n)$$

这意味着n元限制可以分解为各自独立的一元限制的集合。此外，可分限制也可以表示为如下柱状扩展的交集：

$$R(X_1,\cdots,X_n)=\bar{R}(X_1)\cap\cdots\cap\bar{R}(X_n)$$

通常假设限制$R(X_1,\cdots,X_n)$是正规的，即至少存在一组元素使得隶属度达到最大值 1。对于正规的多元限制，其任意一个边缘限制也是正规的。

对于可分限制$R(X_1,\cdots,X_n)$，其在U_i上的投影即为$R(X_i)$。这意味着在$U_{i_1}\times\cdots\times U_{i_k}$上的投影就是$R(X_{i_1})\times\cdots\times R(X_{i_k})$。

模糊变量$X_1,\cdots,X_n$被认为是非交互作用的，当且仅当相应的限制$R(X_1,\cdots,X_n)$是可分的。这表明在非交互作用的情况下，多元赋值方程可以分解为多个一元赋值方程，即

$$x_1=u_1:R(X_1),\cdots,x_n=u_n:R(X_n)$$

设$C(u_1,\cdots,u_n)$表示$(u_1,\cdots,u_n)$与$R(X_1,\cdots,X_n)$的一致性，而$C_i(u_i)$是u_i与$R(X_i)$的一致性，那么有

$$C(u_1,\cdots,u_n)=C_1(u_1)\wedge\cdots\wedge C_n(u_n)$$

模糊变量$X_1,\cdots,X_n$在限制$R(X_1,\cdots,X_n)$下被称为交互作用模糊变量，如果它们不能被简单地分解为独立的一元赋值方程，而是相互依赖的，那么n元赋值方程不能直接分解为独立的一元赋值方程，而是需要考虑变量之间的相互作用。

对于交互作用模糊变量，如下n元赋值方程：

$$(x_1,\cdots,x_n)=(u_1,\cdots,u_n):R(X_1,\cdots,X_n)$$

可以分解为以下依赖赋值方程组：

$$x_1=u_1:R(X_1)$$

$$x_2=u_2:R(X_2|\ u_1)$$

$$x_3=u_3:R(X_3|\ u_1,u_2)$$

$$\vdots$$

$$x_n=u_n:R(X_n|\ u_1,\cdots,u_{n-1})$$

其中，$R(X_i|\ u_1,\cdots,u_{i-1})$表示在前面变量的值已经确定的条件下，$X_i$的限制条件。

设 $C(u_1,\cdots,u_n)$ 表示 $(u_1,\cdots,u_n)$ 与 $R(X_1,\cdots,X_n)$ 的一致性。相应地，$C_i(u_i)$表示u_i与条件限制$R(X_i|\ u_1,\cdots,u_{i-1})$的一致性。因此，整体一致性可以表示如下：

$$C(u_1,\cdots,u_n)=C_1(u_1)\wedge\cdots\wedge C_n(u_n)$$

4.2.2　语言变量

在现代科学的发展过程中，对精确性和定量分析的追求一直是核心原则之一。这种对精确性的尊重源于一种基本信条：只有当一种现象能够被定量地表征时，才能认为对其有了彻底的理解。这种思想促使科学家在研究过程中不断寻求严格和精确的方法。然而，这种追求在处理人文系统时常常显得力不从心，尤其是在利用数字计算机处理这些系统时更是如此。

人文系统涉及经济、政治、法律、教育等领域，其行为特点受到人类判断、感觉或情感的显著影响。这些系统的复杂性和变化性远远超出了传统计算机和算法的处理能力。不兼容原理强调，系统的复杂性与对其进行分析的精度之间存在反比关系。这一原理说明，随着系统复杂性的增加，能够达到的分析精度就会相应降低。

正是基于这种背景，人们需要转变思路，放弃对于高标准的严格性和精确性的追求。在极度复杂的人文系统面前，人们需要寻求更加宽容的态度，对近似的方法、模糊的概念和推理开放怀抱。这一转变不仅是必要的，还是对现实复杂性的一种适应。

语言变量的引入正是对这种思想转变的体现。与传统的以数值为基础的变量不同，语言变量将自然或人工语言中的词语或句子作为其值。这种变量能够更好地描述和处理那些难以用传统数值精确表达的模糊和不确定的现象。例如，在描述一个人的身高时，使用“高”“中等”或“矮”这样的语言变量，比使用具体的数值范围更符合日常表达习惯，也更能反映人类的思维方式。

语言变量的每个值实际上对应一个模糊变量，这个模糊变量包含的是该语言值的模糊限制，即其词义。为了有效地利用语言变量，一套生成其值的名称（句法规则）和计算每个词义（语义规则）的方法需要被发展。这种处理方式比传统的模糊变量更为复杂，但它为处理复杂的人文系统提供了新的可能性。

语言变量的引入和发展，使得变量能够在面对复杂系统时从严格的精确性中撤退，转而采用更灵活、更符合人类思维习惯的方法。这种方法不仅能够更好地模拟人类的决策过程，还为解决传统方法难以应对的问题提供了新的视角和工具。随着近年来人工智能和计算机科学的不断发展，语言变量及其相关理论的应用将在处理复杂人文系统方面扮演越来越重要的角色。

一个语言变量可被定义为一个五元组$(\mathcal{X},T(\mathcal{X}),U,G,M)$，其中各元素的含义如下。

（1）名称$\mathcal{X}$：这是语言变量的标识符或名称。例如，如果讨论年龄，那么$\mathcal{X}$可以是“年龄”。

（2）辞集$T(\mathcal{X})$：这个集合包含了所有可能的语言值的名称，即语言变量$\mathcal{X}$可以取的所有值。例如，在讨论年龄的情况下，$T(\mathcal{X})$可能包括“年轻”“中年”和“老年”。

（3）论域U：这是语言变量的基础变量u的值域，它为定义模糊变量提供了一个具体数值范围。例如，年龄的论域可能是从 0 到 100。

（4）句法规则G：这是一组用于产生辞集$T(\mathcal{X})$中每个辞的名称的规则，它是生成语言值名称的机制。

（5）语义规则M：它为每个辞X提供具体的辞义$M(X)$，即将每个语言值映射到其对应的模糊子集上。例如，辞义可能确定“年轻”为 20 ～ 30 岁。

由句法规则G产生的每个名称，即具体的辞X，可以是单一的（原辞），也可以是由多个辞组合而成的（合成辞）。辞X的辞义$M(X)$实际上是模糊变量$(X,U,R(X;u))$中基础变量u上的模糊限制$R(X;u)$。为了简便，可以将X、$M(X)$和$R(X)$互相替换使用（只要这样做不引起混淆）。例如，在讨论“年轻”这个辞时，实际上是指其辞义$M(X)$代表的值，而“年轻”仅是这个值的名称。

4.2.3　构成式语言变量

构成式语言变量的定义和特性可通过以下几个方面进行详细论述。

（1）辞集的算法生成：在许多情况下，语言变量$\mathcal{X}$的辞集$T(\mathcal{X})$可能包含无穷多个元素，因此无法通过简单的列表来枚举。这就要求采用算法来生成$T(\mathcal{X})$中的元素。例如，如果$\mathcal{X}$表示温度，那么其辞集可能包括从“非常冷”到“非常热”的各种表达。

（2）辞义的算法计算：每个辞的辞义也需要一个算法来确定其隶属函数。这个函数$M(X)$将$T(\mathcal{X})$中的每个辞映射到其对应的模糊子集上。例如，对于“温暖”这个辞，辞义$M(X)$可以是温度值在一定范围内的模糊子集。

（3）句法规则和语义规则：构成式语言变量的定义要求句法规则G和语义规则M都是算法化的。句法规则G负责生成$T(\mathcal{X})$的元素，而语义规则M负责计算这些元素的辞义。这两个规则的算法化使得语言变量能够灵活地运用于各种不确定和模糊的情境。

（4）实例应用：构成式语言变量广泛应用于模糊控制系统、模糊决策模型以及其他需要处理不精确信息的领域。例如，在模糊控制系统中，构成式语言变量可以用来描述输入和输出变量，如速度、温度或者其他感知量。

（5）辞集与辞义的动态构建：由于构成式语言变量是算法化的，所以其辞集和辞义可以根据需要动态构建和调整。这种灵活性对于应对复杂和不断变化的环境特别重要。

4.2.4 布尔语言变量

布尔语言变量是一种特殊类型的语言变量，其特点是使用有限数目的原辞、程度词以及标准的逻辑连接词。布尔语言变量$\left(\mathcal{X},T,U,G,M\right)$可以通过以下特征进行识别。

（1）原辞和程度词的有限性：在布尔语言变量中，集合T包含的原辞X_{P}和程度词h的数量是有限的。

（2）布尔表达式的构成：T中的每一个元素都是由$X_{\mathrm{P}},hX_{\mathrm{P}},X,hX$形成的布尔表达式，其中$X$是$T$中的一个辞。

由于其结构的有限性和明确性，布尔语言变量能够以一种简洁而有效的方式表示复杂的逻辑关系。在逻辑推理中，布尔语言变量通过其布尔表达式为表达逻辑关系提供了一种清晰的方式。这些变量可以被用来构建推理规则和决策逻辑，从而为自动推理系统提供基础。而在决策支持系统中，布尔语言变量可用于表达决策规则。这些规则通常涉及多个条件的逻辑组合，布尔语言变量因其简洁性和明确性，成为构建这些规则的理想工具。

布尔语言变量和构成式语言变量虽然在形式上有所不同，但在处理模糊逻辑问题时都发挥着重要作用。构成式语言变量通常用于处理更加复杂和模糊的概念，而布尔语言变量则更适合处理具有清晰定义和明确逻辑结构的问题。

4.3　模糊推理

4.3.1　模糊语言逻辑与逻辑连接

模糊语言逻辑与传统的二值逻辑相比，为处理现实世界中的模糊概念提供了更为灵活和细腻的方法。在模糊语言逻辑中，命题的真值不再是简单的“真”或“假”，而是一个范围广泛的模糊概念。考虑命题“P是A”，其中P代表对象，而A是论域U的一个模糊子集。这种命题的真值可以通过两种方式来描述：

（1）模糊子集的辞义：A的辞义$M(A)$是论域U的一个模糊子集。

（2）命题的真值：命题“P是A”的真值$\gamma(A)$是真值域V的一个模糊子集。在二值逻辑中，$V=T+F$，而在模糊语言逻辑中，$V=[0,1]$。

根据真值的不同，进一步将其细分为数字真值和语言真值。

数字真值：当$\gamma(A)$是$[0,1]$中的一个具体点时，称之为数字真值。

语言真值：当$\gamma(A)$是$[0,1]$的一个模糊子集时，通常用一个词语来作为其名称，此时称之为语言真值。

在模糊逻辑中，处理模糊概念的一种有效方法是使用语言变量。语言变量允许使用自然语言中的词汇来描述事物的特性，从而使得逻辑表达更接近人类的思维和表达方式。本书将探讨语言变量“真假”的辞集和相关概念。

考虑语言变量“真假”，其辞集可以设定为

$$\begin{aligned} T(\text{真假}) = {} & \text{真} + \text{部分真} + \text{极度真} + \text{稍微真} + \\ & \text{极端真} + \text{几乎真} + \text{极度不真} + \text{不完全真} + \cdots + \\ & \text{假} + \text{部分假} + \cdots + \text{不完全真也不完全假} + \cdots \end{aligned}$$

这一辞集包含了从“真”到“假”的各种模糊概念，为模糊逻辑提供了丰富的表达方式。

对于辞“真”和辞“假”，其辞义分别定义如下：

$$\mu_{\text{真}}(v) = \begin{cases} 0, & 0 \leqslant v \leqslant b \\ 2\left(\dfrac{v-b}{1-b}\right)^2, & b < v < \dfrac{1+b}{2} \\ 1-2\left(\dfrac{v-1}{1-b}\right)^2, & \dfrac{1+b}{2} \leqslant v \leqslant 1 \end{cases}$$

$$\mu_{\text{假}}(v) = \mu_{\text{真}}(1-v)$$

其中，$v \in V = \{0,1\}$。这些函数为“真”和“假”提供了模糊的度量方式。

接下来，假设“真假”语言变量是一个布尔语言变量。设$\mathcal{Y}$是一个语言变量，$\mathcal{S}$是真假语言变量。大家需要关注的是以下关系式：

$$\gamma(Y) = S$$

其中，Y是$\mathcal{Y}$的一些语言值的布尔表达式，S是$\mathcal{S}$的语言值。

例如，考虑以下情形：

$$\gamma(\text{Mary既聪明又勤奋又有创造力}) = \text{不完全真也不完全假}$$

其中，等式右边的语言值是否可以通过 $\gamma(\text{Mary聪明})$，$\gamma(\text{Mary勤奋})$，$\gamma(\text{Mary有创造力})$ 来确定，这就是关于语言真值（非数字真值）之间的逻辑运算问题。

1. 模糊逻辑中的非运算

在传统的二值逻辑中，非运算是基本的逻辑运算之一，用于表示一个命题的反面。在模糊逻辑中，这一概念被扩展以适应模糊值的处理。考虑一个模糊命题 A，其真值 $\gamma(A)$ 可以是 $[0,1]$ 区间中的一个点，也可以是 $[0,1]$ 的一个模糊子集。

（1）点值情形：当 $\gamma(A)$ 是 $[0,1]$ 中的一个点时，非 A 的真值由下式给出：

$$\gamma(\text{非}A) = 1 - \gamma(A)$$

（2）模糊子集情形：若 $\gamma(A)$ 是 $[0,1]$ 的一个模糊子集，则可以表示为

$$\gamma(A) = \mu_1 / \gamma_1 + \cdots + \mu_i / \gamma_i + \cdots + \mu_n / \gamma_n$$

其中，γ_i 是 $[0,1]$ 中的点，μ_i 是 γ_i 在 $\gamma(A)$ 中的隶属度。使用扩展原理，得到如下非 A 的真值：

$$\gamma(\text{非}A) = \mu_1 / (1-\gamma_1) + \cdots + \mu_n / (1-\gamma_n)$$

将 $\gamma(\text{非}A)$ 记为 $\neg\gamma(A)$，于是有

$$\neg\gamma(A) = \mu_1 / (1-\gamma_1) + \cdots + \mu_n / (1-\gamma_n)$$

接下来考虑一个具体的例子——“食物是辣的”。假设“辣”这一命题的真值 $\gamma(\text{辣})$ 是一个模糊子集，可以表示为 $\gamma(\text{辣}) = 0.8 / 0.7 + 0.5 / 0.3$，表示食物辣的程度为中等到较高。根据上述扩展原理，计算出命题“食物不辣”的真值：

$$\gamma(\text{不辣}) = 0.8 / (1 - 0.7) + 0.5 / (1 - 0.3)$$

这种方法能够更加精准地描述和处理模糊概念，尤其是在面对含糊或不完全确定的情况时。

2. 模糊逻辑中的合取运算

考虑两个模糊命题A和B，它们的真值分别为$\gamma(A)$和$\gamma(B)$。模糊逻辑中的合取运算$\gamma(A) \wedge \gamma(B)$表示命题“$A$和$B$”同时为真的情况。

（1）点值情形：当$\gamma(A), \gamma(B)$均为$[0,1]$中的点时，A和B的合取运算定义如下：

$$\gamma(A) \wedge \gamma(B) = \min\{\gamma(A), \gamma(B)\}$$

（2）模糊子集情形：若$\gamma(A), \gamma(B)$为$[0,1]$中的模糊子集，使用扩展原理，设

$$\gamma(A) = \alpha_1 / \gamma_1 + \cdots + \alpha_i / \gamma_i + \cdots + \alpha_n / \gamma_n$$

$$\gamma(B) = \beta_1 / \omega_1 + \cdots + \beta_j / \omega_j + \cdots + \beta_m / \omega_m$$

则A和B的合取运算定义如下：

$$\gamma(A) \wedge \gamma(B) = \sum_{i,j} (\alpha_i \wedge \beta_j) / (\gamma_i \wedge \omega_i)$$

以“车辆速度快”和“车辆颜色鲜艳”两个命题为例，设这两个命题的真值分别如下。

（1）“车辆速度快”：

$$\gamma(\text{速度快}) = 0.7 / 0.8 + 0.3 / 0.2$$

（2）“车辆颜色鲜艳”：

$$\gamma(\text{颜色鲜艳}) = 0.6 / 0.9 + 0.4 / 0.1$$

根据扩展原理，计算出这两个命题的合取运算结果：

$$\gamma(\text{速度快}) \wedge \gamma(\text{颜色鲜艳}) =$$

$$(0.7 \wedge 0.6)/(0.8 \wedge 0.9)+(0.7 \wedge 0.4)/(0.8 \wedge 0.1)+$$

$$(0.3 \wedge 0.6)/(0.2 \wedge 0.9)+(0.3 \wedge 0.4)/(0.2 \wedge 0.1)$$

这种方法能够精确地描述和处理命题“车辆速度快且颜色鲜艳”的真值。

3. 模糊逻辑中的析取运算

考虑两个模糊命题A和B，它们的真值分别为$\gamma(A)$和$\gamma(B)$。模糊逻辑中的析取运算$\gamma(A) \vee \gamma(B)$表示命题“A或B”至少有一个为真的情况。

（1）点值情形：当$\gamma(A),\gamma(B)$均为$[0,1]$中的点时，A和B的析取运算定义如下：

$$\gamma(A) \vee \gamma(B)=\max\{\gamma(A),\gamma(B)\}$$

（2）模糊子集情形：若$\gamma(A),\gamma(B)$为$[0,1]$中的模糊子集，设

$$\gamma(A)=\alpha_1/\gamma_1+\cdots+\alpha_i/\gamma_i+\cdots+\alpha_n/\gamma_n$$

$$\gamma(B)=\beta_1/\omega_1+\cdots+\beta_j/\omega_j+\cdots+\beta_n/\omega_n$$

则A和B的析取运算定义如下：

$$\gamma(A) \vee \gamma(B)=\sum_{i,j}(\alpha_i \vee \beta_j)/(\gamma_i \vee \omega_j)$$

4. 模糊逻辑中的蕴含运算

蕴含运算$\gamma(A) \to \gamma(B)$表示“若A则B”的情况。这在模糊逻辑中被扩展以适应模糊值。

（1）点值情形：当$\gamma(A),\gamma(B)$均为$[0,1]$中的点时，蕴含运算定义如下：

$$\gamma(A) \to \gamma(B)=\neg\gamma(A) \vee (\gamma(A) \wedge \gamma(B))$$

（2）模糊子集情形：若$\gamma(A),\gamma(B)$为$[0,1]$中的模糊子集，设

$$\gamma(A)=\alpha_1/\gamma_1+\cdots+\alpha_i/\gamma_i+\cdots+\alpha_n/\gamma_n$$

$$\gamma(B)=\beta_1/\omega_1+\cdots+\beta_j/\omega_j+\cdots+\beta_m/\omega_m$$

则蕴含运算定义如下：

$$\gamma(A)\to\gamma(B)=\sum_{i,j}\left[\neg\alpha_i\vee(\alpha_i\wedge\beta_j)\right]/\left[\neg\gamma_i\vee(\gamma_i\wedge\omega_j)\right]$$

以“汽车速度快”和“汽车耗油量大”两个命题为例，设这两个命题的真值分别如下。

（1）“汽车速度快”：

$$\gamma(\text{汽车速度快})=0.6/0.7+0.4/0.3$$

（2）“汽车耗油量大”：

$$\gamma(\text{汽车耗油量大})=0.5/0.8+0.5/0.2$$

根据扩展原理，计算出“若汽车速度快，则汽车耗油量大”的蕴含运算结果：

$$\begin{aligned}&\gamma(\text{汽车速度快})\to\gamma(\text{汽车耗油量大})=\\&\left[\neg0.6\vee(0.6\wedge0.5)\right]/\left[0.3\vee(0.7\wedge0.8)\right]+\\&\left[\neg0.6\vee(0.6\wedge0.5)\right]/\left[0.3\vee(0.7\wedge0.2)\right]+\\&\left[\neg0.4\vee(0.4\wedge0.5)\right]/\left[0.7\vee(0.3\wedge0.8)\right]+\\&\left[\neg0.4\vee(0.4\wedge0.5)\right]/\left[0.7\vee(0.3\wedge0.2)\right]\end{aligned}$$

至此，“真值”之间的运算包括非运算（$\neg$）、合取运算（$\wedge$）、析取运算（$\vee$）和蕴含运算（$\to$）介绍完毕。这些运算是特殊的模糊集合，即真值集合之间的运算，与一般模糊集合之间的补、并、交、包含等运算有所不同。

通常情况下，当$\gamma(A)$，$\gamma(B)$是非交互作用的模糊变量时上述四种基本运算可以直接使用。这意味着$\gamma(A)$和$\gamma(B)$之间没有直接的相互作用，它们的关系可以通过独立的模糊集合来表示。

当$\gamma(A),\gamma(B)$是交互作用的模糊变量时，另一种形式的扩展原理必须被采用。在使用这种扩展原理时，通常假设u,v是非交互作用的，并使用以下假设：

$$\mu_{(A,B)}(u,v)=\mu_A(u)\wedge\mu_B(v)$$

当u,v是交互作用的，即(u,v)上的一个模糊关系 R 的隶属函数为μ_R时，采用第五形式的扩展原理。

设$*$是定义在$U\times V$上的二元运算，其值在W中；A,B分别是U,V的如下模糊子集：

$$A=\mu_1 u_1+\cdots+\mu_i u_i+\cdots+\mu_n u_n$$

$$B=\gamma_1 v_1+\cdots+\gamma_j v_j+\cdots+\gamma_n v_n$$

于是有

$$\begin{aligned}A*B&=\left[\left(\sum_i \mu_i u_i\right)*\left(\sum_j \gamma_j v_j\right)\right]\cap R\\&=\sum_{i,j}\left(\mu_i\wedge\gamma_j\wedge\mu_R(u_i,v_j)\right)(u_i*v_j)\end{aligned}$$

4.3.2　语言近似和特殊真值

在模糊逻辑中，由于真值的数目是无穷的，传统的真值表定义方式对于逻辑运算不再适用。特定的逻辑运算，如合取运算（∧）、析取运算（∨）等，不能通过传统的真值表完全定义，因为真值是连续并且数量无穷的。然而，对于特定的、有限的真值集合，例如“绝对真”“相对真”“绝对假”“非常真”“相对不真”“稍微真”等，这些运算的真值表可以被列出。

对这些有限个真值进行逻辑运算时，所得到的真值可能不在初始关注的真值集合内。此时，“语言近似”的方法需要被采用，即最接近所得真值的感兴趣真值集合中的真值被选择。

在模糊逻辑中，真假语言变量的辞集通常包含从 0 到 1 的所有值，代表不同程度的真实性。除此之外，两个特殊的值还存在其中，分别称为“无定义”和“不知道”。这些特殊值在处理某些模糊概念时非常重要，尤其是在信息不完全或不确定的情况下。

在$[0,1]$区间上，定义两个特殊的模糊子集来代表这些概念。

（1）无定义：这个概念用空集$\varnothing$表示，并用符号θ代表。它表示完全的不确定性或缺乏信息。其数学表示为：

$$\theta=\int_0^1 0/v$$

（2）不知道：这个概念用全集$[0,1]$表示，并用符号?代表。它表示所有可能性的等可能，或者说，每个可能性都同样可能。其数学表示为：

$$?=[0,1]=\int_0^1 1/\omega$$

这两个特殊值也可以被纳入标准的一型模糊集合的表达式中。这意味着，对于任何集合U中的元素u，其隶属度$\mu(u)$可以是$[0,1]$中的一个具体数字，也可以是θ（无定义），或者是?（不知道）。例如，考虑以下集合U和模糊子集A：

$$U=x+y+z+w+v$$

$$A=0.2x+0.8y+?z+\theta w$$

其中，模糊子集A表示z的隶属度是“不知道”，而w的隶属度是“无定义”。

1. 特殊真值“无定义”的逻辑运算

考虑到模糊逻辑中的特殊真值θ，以下是其在几种逻辑运算中的表现。

（1）非运算：若$\gamma(A)=\theta$，则非A的运算结果为

$$\neg\gamma(A)=\int_0^1 0/(1-\omega)=\theta$$

这表示如果A的真值是“无定义”，那么非A的真值也是“无定义”。

（2）合取运算：若$\gamma(A)=\theta$且$\gamma(B)=\int_0^1 \mu(v)/v$，则有

$$\begin{aligned}\theta \wedge \gamma(B) &= \int_0^1 0/u \wedge \int_0^1 \mu(v)/v \\ &= \int_{[0,1]\times[0,1]} 0/[u \wedge v] \\ &= \int_0^1 0/u \\ &= \theta\end{aligned}$$

（3）析取运算：若 $\gamma(A)=\theta$ 且 $\gamma(B)=\int_0^1 \mu(v)/u$，则有

$$\theta \vee \gamma(B) = \theta$$

根据上述公式可得

$$\theta \wedge \theta = \theta$$

$$\theta \vee \theta = \theta$$

$$\theta \wedge ? = \theta$$

$$\theta \vee ? = \theta$$

以上讨论表明，在模糊逻辑中，特殊真值 θ 在逻辑运算中表现出一致性，无论是非运算、合取运算还是析取运算，当涉及 θ 时，结果总是 θ。

2. 特殊真值“不知道”的逻辑运算

考虑到模糊逻辑中的特殊真值?，以下是其在几种逻辑运算中的表现。

（1）非运算：若 $\gamma(A)=?$，则对于非 A，有

$$\begin{aligned}\gamma(\text{非}A) &= \neg\gamma(A) \\ &= \int_0^1 1/(1-\omega) \\ &= ?\end{aligned}$$

这表明如果 A 的真值是“不知道”，那么非 A 的真值也是“不知道”。

（2）合取运算：若 $\gamma(A)=?$ 且 $\gamma(B)=\int_0^1 \mu(v)/v$，则有

$$?\wedge\gamma(B)=\int_0^1 1/u\wedge\int_0^1\mu(v)/v$$
$$=\int_{[0,1]\times[0,1]}\mu(v)/(u\wedge v)$$
$$=\int_0^1\left[\wedge_{[0,1]}\mu(v)\right]/u$$

两个“不知道”的真值进行合取运算的结果仍然是“不知道”。

（3）析取运算：若$\gamma(A)=?$且$\gamma(B)=\int_0^1\mu(v)/v$，则有

$$?\vee\gamma(B)=\int_0^1 1/u\vee\int_0^1\mu(v)/v$$
$$=\int_{[0,1]\times[0,1]}\mu(v)/(u\vee v)$$
$$=\int_0^1\left[\vee_{[0,1]}\mu(v)\right]/u$$

在析取运算中，“不知道”和其他任何真值的组合结果还是“不知道”。

由上面几个式子可知

$$?\wedge ?=?$$

$$?\vee ?=?$$

将特殊真值“无定义”（θ）和“不知道”（?）引入二值逻辑中，可以扩展传统的二值逻辑系统。在这个扩展的逻辑系统中，真值全域不再仅限于传统的“真”（T）和“假”（F），而是包含四个元素：θ，T，F和?。

在这个扩展的逻辑系统中，合取运算（$\wedge$）和析取运算（$\vee$）的真值表可以扩展，如表4-1和表4-2所示。

表4-1　合取运算（$\wedge$）的真值表

	$\boldsymbol{T}$	$\boldsymbol{F}$	$\boldsymbol{T+F}$	$\boldsymbol{\theta}$	**?**
$\boldsymbol{T}$	T	F	$T+F$	θ	—

续　表

F	F	F	F	θ	—
T+F	T+F	F	T+F	θ	—
θ	θ	θ	θ	θ	θ
?	—	—	—	θ	?

$$T \wedge \theta = \theta$$

$$F \wedge \theta = \theta$$

$$\theta \wedge \theta = \theta$$

$$? \wedge \theta = \theta$$

$$? \wedge ? = ?$$

$$T \wedge (T+F) = T \wedge T + T \wedge F = T + F$$

$$F \wedge (T+F) = F \wedge T + F \wedge F = F$$

$$(T+F) \wedge (T+F) = T \wedge T + T \wedge F + F \wedge T + F \wedge F = T + F$$

表4-2　析取运算（∨）的真值表

	T	**F**	**T+F**	**θ**	**?**
T	T	T	T	θ	?
F	T	F	T+F	θ	?
T+F	T	T+F	T+F	θ	?
θ	θ	θ	θ	θ	θ
?	?	?	?	θ	?

$$T \vee \theta = \theta$$

$$F \vee \theta = \theta$$

$$\theta \vee \theta = \theta$$

$$?\vee \theta=\theta$$

$$T\vee ?=?$$

$$F\vee ?=?$$

$$?\vee ?=?$$

$$T\vee (T+F)=T\vee T+T\vee F=T$$

$$F\vee (T+F)=F\vee T+F\vee F=T+F$$

$$(T+F)\vee (T+F)=T\vee T+T\vee F+F\vee T+F\vee F=T+F$$

在二值逻辑中，引入特殊真值“无定义”和“不知道”，为蕴含运算的定义问题提供了新的视角。这个问题在传统逻辑中引起过争议，特别是关于当$A\rightarrow B$为真时，如果A是假的，那么B是否为真的问题。为了更好地理解这一点，部分地列出蕴含运算（$\rightarrow$）的真值表，重点关注没有争议的、比较直观的部分。

在蕴含运算（$\rightarrow$）的真值表中，考虑以下情形。

（1）当A是真的且B也是真的时，$A\rightarrow B$自然为真。

（2）当A是真的但B是假的时，$A\rightarrow B$自然为假。

（3）当A是假的时，不论B是什么值，$A\rightarrow B$应该是真的。这是因为在A为假的情况下，蕴含式（$A\rightarrow B$）不受B的真值影响。

根据以上分析，蕴含运算（$\rightarrow$）的部分真值表如表 4-3 所示：

表4-3　蕴含运算（→）的部分真值表

<table>
<tr><th colspan="2" rowspan="2"></th><th colspan="3">B</th></tr>
<tr><th>T</th><th>F</th><th>T+F</th></tr>
<tr><td rowspan="2">A</td><td>T</td><td>T</td><td>F</td><td>—</td></tr>
<tr><td>F</td><td>T</td><td>T</td><td>T</td></tr>
</table>

当探讨蕴含运算时不同情况下$A \to B$的真值需要被确定。特别是当A为假时，B的真值对蕴含式的影响需要明确。

（1）A为假，B为真，设定$A \to B$的真值为x。

（2）A为假，B为假，设定$A \to B$的真值为y。

根据扩展原理，得出以下关系：

$$(F \to T + F) = T$$

应用扩展原理，有

$$(F \to T) + (F \to F) = x + y = T$$

因此$x + y = T$。这里的加号“+”表示集合的并集。为了保持一致性，推断出$x = T$和$y = T$。

在二值逻辑中，特别是在考虑蕴含运算时，在前提A为假的情况下，无论结论B是什么，蕴含式都为真。这种定义方式是合理且自然的，它确保了逻辑运算的一致性。这种方法可以使人们更清晰地理解蕴含运算在不同情况下的表现，从而有助于在逻辑推理中做出正确的推断。

4.3.3　模糊推理的合成规则

在模糊逻辑中，推理的基本规则可以通过引入模糊集合和模糊关系的概念来拓展传统逻辑的假言推理。这种推理在模糊逻辑中被称为合成规则，它是假言推理的一种模糊形式。

在传统逻辑中，假言推理是基于确定的命题A和蕴含式$A \Rightarrow B$来推断命题B的真假的。然而，在模糊逻辑中，合成规则通常通过处理A的模糊近似A^*和模糊蕴含式$A^* \Rightarrow B$推断B的模糊真假。

在模糊逻辑中，合成规则提供了一种推理方法，将已知的模糊关系和模糊子集组合起来得出新的模糊子集。例如，已知二元模糊关系$F(x,y)$和

X轴的模糊子集A，如何确定Y轴的模糊子集B？为解决这个问题，首先需要得到A的柱状扩展$\overline{A}$，然后利用它来确定模糊集合B。

设$\mu_{\overline{A}}$，μ_A，μ_F，μ_B分别是模糊集合A，$\overline{A}$，F，B的隶属函数，则有

$$\mu_{\overline{A}}(x,y)=\mu_A(x)$$

$$\mu_{\overline{A}\cap F}(x,y)=\mu_{\overline{A}}(x,y)\wedge\mu_F(x,y)=\mu_A(x)\wedge\mu_F(x,y)$$

$$\mu_B(y)=\underset{x}{\vee}(\mu_A(x)\wedge\mu_F(x,y))$$

将模糊集合A视为X中的一元模糊关系，将F视为$X\times Y$中的二元模糊关系，则A与F的合成关系$A°F$定义如下：

$$A°F=\int_Y\left[\underset{x}{\vee}(\mu_A(x)\wedge\mu_F(x,y))\right]/y$$

因此，$B=A°F$。

确定模糊集合B的关键在于建立A与F之间的合成关系。合成规则提供了一种方法，利用它可以从已知的模糊关系和模糊集合推导出新的模糊集合。

设U和V是两个分别具有基础变量u和v的论域，$R(u)$，$R(u,v)$，$R(v)$分别表示U，$U\times V$，V中的模糊关系，A和F分别是U，$U\times V$中的模糊子集。合成规则断言如下。

（1）关系赋值方程组：

$$\begin{cases}R(u)=A\\R(u,v)=F\end{cases}$$

（2）解的表示：

$$R(v)=A\circ F$$

即合成规则能够从$R(u)=A$和$R(u,v)=F$推导出$R(v)=A\circ F$。

考虑实际情境中的模糊关系和模糊集合。例如，设U为温度集合，V为舒适度集合，A为“温暖”的模糊集合，F为温度与舒适度之间的模糊

关系。应用合成规则可以得到舒适度（$R(v)$）的模糊集合，这就是A与F的合成。

4.3.4 假言推理

假设U,V是两个可能不同的论域，A,B,C分别是U,V,V的模糊子集，那么表达式“若A则B否则C”可以定义为$U\times V$中的一个二元模糊关系：

$$A\times B+\sim A\times C$$

其中，×表示笛卡尔积，+表示并集。这种定义为组合两个模糊条件的效果提供了一种方法。

当没有提供备选项C时，将“若A则B否则V”简化为“若A则B”，记为$A\rightarrow B$，其中V是全域。因此，这种情况下的二元模糊关系表达式变为

$$A\times B+\sim A\times V$$

将全域的真值视作“不知道”，因此，“若A则B”可以解释为“若A则B，否则‘不知道’”。

模糊集合A,B可以被视为一元模糊关系，$[A]$, $[B]$分别代表A,B的关系矩阵。这里$[A]$是列矩阵，$[B]$是行矩阵。那么模糊集合$A\times B$的二元模糊关系矩阵可以通过如下矩阵乘法（最小－最大法则）计算得出：

$$[A]\cdot[B]$$

因此，“若A则B否则C”的模糊关系矩阵表示为

$$[A]\cdot[B]+\sim[A]\cdot[C]$$

在模糊逻辑中，假言推理的概念可以被扩展和重新定义，以适应模糊集合的特性①。

① 赵德齐 . 模糊数学 [M]. 北京：中央民族大学出版社，1995：45.

设A_1, A_2, B分别是U, U, V的模糊子集。将合成规则应用于以下赋值方程组：

$$\begin{cases} R(u) = A_1 \\ R(u,v) = (A_2 \to B) \end{cases}$$

则可得到如下解：

$$R(v) = A_1 \circ (A_2 \to B)$$

这个过程被称为模糊语言逻辑中的假言推理。

假言推理提供了一种更加灵活和广泛的推理方法，能够处理模糊集合和模糊关系。它不仅包括了传统逻辑中假言推理的特例，还扩展了其应用范围，包括了在模糊集合上的操作。这种推理方法在处理现实世界中的模糊情况时特别有用，能够提供更加准确和全面的推理结果。

4.3.5 模糊定理

在模糊逻辑领域，命题可以被定义为模糊定理，如果它具有“若A则B”的形式，在模糊意义下其真值为“真”，且它可以通过模糊推理从一组公理中推导出来。

考虑一个几何问题，其中涉及模糊直线和模糊中点的概念。

模糊直线的定义：若通过P,Q两点的一条曲线上的任一点到直线PQ的距离相对于PQ的长度是“较小的”，则称此曲线为模糊直线。

模糊中点的定义：设$\underset{\sim}{PQ}$是模糊直线，用$(PQ)^0$代表通过P,Q的直线段，M_{PQ}^0是直线段$(PQ)^0$的中点。若$\underset{\sim}{PQ}$上的一点M_{PQ}与M_{PQ}^0的距离是“较小的”，则称M_{PQ}是$\underset{\sim}{PQ}$的模糊中点。

考虑一个模糊等边三角形$\triangle XYZ$，其边为模糊直线，顶点为X,Y,Z。

设N_1, N_2, N_3分别是边YZ, ZX, XY的模糊中点，则模糊直线XN_1, YN_2, ZN_3构成的模糊三角形$\triangle T_1T_2T_3$相对于$\triangle XYZ$是“较小的”。

证明：由于N_1到N_1^0的距离是“较小的”，因此，直线$(XN_1)^0$上任一点到直线XN_1^0的距离是“较小的”，故模糊直线$\underset{\sim}{XN_1}$上任一点到直线XN_1^0的距离“有点小”。同理可得模糊直线$\underset{\sim}{YN_2}$和$\underset{\sim}{ZN_3}$的性质。

由于$(XN_1)^0$与YN_2^0的角度近似等于120°，模糊直线$\underset{\sim}{XN_1}$和$\underset{\sim}{YN_2}$的交点与重心O的距离“有点小”。

因此，得出结论：模糊三角形$\triangle T_1T_2T_3$相对于$\triangle XYZ$是“较小的”。

利用模糊逻辑的方法，可以在传统逻辑无法准确处理的领域（如模糊几何）中进行有效的推理。模糊定理的引入为处理不确定性和模糊性提供了一种新的途径。这种方法特别适用于处理现实世界中含糊不清的概念，它能够为传统逻辑无法解决的问题提供新的见解和解决方案。利用模糊定理，可以更加灵活和准确地描述和解释模糊现象，从而可以在多种应用领域中实现更有效的分析和决策。

第5章　模糊聚类

5.1　模糊矩阵

5.1.1　模糊矩阵的定义

模糊矩阵是模糊逻辑和模糊数学中的一个基本概念，用于表示不确定或模糊的关系或数据。

如果矩阵中的每个元素r_{ij}都位于区间[0,1]内，即$0 \leqslant r_{ij} \leqslant 1$，则该矩阵被定义为模糊矩阵。例如，矩阵

$$\boldsymbol{R}=\begin{pmatrix} 0.8 & 0.2 & 0.5 \\ 0.6 & 0.9 & 0.4 \end{pmatrix}$$

是一个2×3的模糊矩阵。当$r_{ij} \in \{0,1\}$时，模糊矩阵退化为布尔矩阵。用$\mathcal{M}_{m \times n}$表示所有$m \times n$模糊矩阵的集合。若$\boldsymbol{R}$是一个$m \times n$模糊矩阵，则记为$\boldsymbol{R} \in \mathcal{M}_{m \times n}$。

模糊矩阵的几种特殊形式包括零矩阵（$\boldsymbol{O}$）、单位矩阵（$\boldsymbol{I}$）和全称矩阵（$\boldsymbol{U}$），它们分别定义如下。

（1）零矩阵（$\boldsymbol{O}$）：所有元素均为0的$m \times n$矩阵。

$$O=\begin{pmatrix}0 & 0 & \cdots & 0\\ 0 & 0 & \cdots & 0\\ \vdots & \vdots & & \vdots\\ 0 & 0 & \cdots & 0\end{pmatrix}_{m\times n}$$

（2）单位矩阵（$\boldsymbol{I}$）：对角线上元素为 1，其余元素为 0 的$n\times n$矩阵。

$$I=\begin{pmatrix}1 & 0 & \cdots & 0\\ 0 & 1 & \ddots & \vdots\\ \vdots & \ddots & \ddots & 0\\ 0 & \cdots & 0 & 1\end{pmatrix}_{n\times n}$$

（3）全称矩阵（$\boldsymbol{U}$）：所有元素均为 1 的$m\times n$矩阵。

$$U=\begin{pmatrix}1 & 1 & \cdots & 1\\ 1 & 1 & \cdots & 1\\ \vdots & \vdots & & \vdots\\ 1 & 1 & \cdots & 1\end{pmatrix}_{m\times n}$$

5.1.2 模糊矩阵的运算与性质

1. 模糊矩阵之间的关系

设$\boldsymbol{A},\boldsymbol{B}$是$\mathcal{M}_{m\times n}$中的两个模糊矩阵，分别记为$\boldsymbol{A}=\left(a_{ij}\right)_{m\times n}$和$\boldsymbol{B}=\left(b_{ij}\right)_{m\times n}$，定义以下两种关系。

（1）相等关系：两个模糊矩阵$\boldsymbol{A}$和$\boldsymbol{B}$相等，记作$\boldsymbol{A}=\boldsymbol{B}$，当且仅当所有对应的元素相等，即$a_{ij}=b_{ij}$对所有$i=1,2,\cdots,m$和$j=1,2,\cdots,n$都成立时。

（2）包含关系：模糊矩阵$\boldsymbol{A}$包含于$\boldsymbol{B}$，记作$\boldsymbol{A}\leqslant\boldsymbol{B}$，当且仅当$\boldsymbol{A}$的每个元素都小于或等于$\boldsymbol{B}$的对应元素，即$a_{ij}\leqslant b_{ij}$对所有$i=1,2,\cdots,m$和$j=1,2,\cdots,n$都成立时。

根据这些定义，得出对于任何$\boldsymbol{R}\in\mathcal{M}_{m\times n}$，总有

$$\boldsymbol{O}\leqslant\boldsymbol{R}\leqslant\boldsymbol{U}$$

其中，$\boldsymbol{O}$是零矩阵，$\boldsymbol{U}$是全称矩阵。

2. 模糊矩阵的并、交、余运算

设$\boldsymbol{A}=\left(a_{ij}\right)_{m\times n}$和$\boldsymbol{B}=\left(b_{ij}\right)_{m\times n}$是$\mathcal{M}_{m\times n}$中的模糊矩阵，定义以下运算。

（1）并运算：$\boldsymbol{A}\cup\boldsymbol{B}$定义为$\left(a_{ij}\vee b_{ij}\right)_{m\times n}$。

（2）交运算：$\boldsymbol{A}\cap\boldsymbol{B}$定义为$\left(a_{ij}\wedge b_{ij}\right)_{m\times n}$。

（3）余运算：$\boldsymbol{A}^c$定义为$\left(1-a_{ij}\right)_{m\times n}$。

考虑以下两个模糊矩阵$\boldsymbol{A}$和$\boldsymbol{B}$的并、交、余运算：

$$\boldsymbol{A}=\begin{pmatrix}0.9 & 0.2\\ 0.6 & 0.8\end{pmatrix},\quad \boldsymbol{B}=\begin{pmatrix}0.5 & 0.3\\ 0.7 & 0.4\end{pmatrix}$$

（1）并运算：

$$\begin{aligned}\boldsymbol{A}\cup\boldsymbol{B}&=\begin{pmatrix}0.9\vee 0.5 & 0.2\vee 0.3\\ 0.6\vee 0.7 & 0.8\vee 0.4\end{pmatrix}\\ &=\begin{pmatrix}0.9 & 0.3\\ 0.7 & 0.8\end{pmatrix}\end{aligned}$$

（2）交运算：

$$\begin{aligned}\boldsymbol{A}\cap\boldsymbol{B}&=\begin{pmatrix}0.9\wedge 0.5 & 0.2\wedge 0.3\\ 0.6\wedge 0.7 & 0.8\wedge 0.4\end{pmatrix}\\ &=\begin{pmatrix}0.5 & 0.2\\ 0.6 & 0.4\end{pmatrix}\end{aligned}$$

（3）余运算：

$$\begin{aligned}\boldsymbol{A}^c&=\begin{pmatrix}1-0.9 & 1-0.2\\ 1-0.6 & 1-0.8\end{pmatrix}\\ &=\begin{pmatrix}0.1 & 0.8\\ 0.4 & 0.2\end{pmatrix}\end{aligned}$$

设$\boldsymbol{A},\boldsymbol{B},\boldsymbol{C}$是$\mathcal{M}_{m\times n}$中的模糊矩阵，这些矩阵的并、交、余运算具有以下性质。

（1）幂等律：

$$\boldsymbol{A}\cup\boldsymbol{A}=\boldsymbol{A}$$

$$\boldsymbol{A}\cap\boldsymbol{A}=\boldsymbol{A}$$

（2）交换律：

$$\boldsymbol{A}\cup\boldsymbol{B}=\boldsymbol{B}\cup\boldsymbol{A}$$

$$\boldsymbol{A}\cap\boldsymbol{B}=\boldsymbol{B}\cap\boldsymbol{A}$$

（3）结合律：

$$(\boldsymbol{A}\cup\boldsymbol{B})\cup\boldsymbol{C}=\boldsymbol{A}\cup(\boldsymbol{B}\cup\boldsymbol{C})$$

$$(\boldsymbol{A}\cap\boldsymbol{B})\cap\boldsymbol{C}=\boldsymbol{A}\cap(\boldsymbol{B}\cap\boldsymbol{C})$$

（4）吸收律：

$$\boldsymbol{A}\cap(\boldsymbol{A}\cup\boldsymbol{B})=\boldsymbol{A}$$

$$\boldsymbol{A}\cup(\boldsymbol{A}\cap\boldsymbol{B})=\boldsymbol{A}$$

（5）分配律：

$$(\boldsymbol{A}\cup\boldsymbol{B})\cap\boldsymbol{C}=(\boldsymbol{A}\cap\boldsymbol{C})\cup(\boldsymbol{B}\cap\boldsymbol{C})$$

$$(\boldsymbol{A}\cap\boldsymbol{B})\cup\boldsymbol{C}=(\boldsymbol{A}\cup\boldsymbol{C})\cap(\boldsymbol{B}\cup\boldsymbol{C})$$

（6）0–1 律：

$$\boldsymbol{A}\cup\boldsymbol{O}=\boldsymbol{A}$$

$$\boldsymbol{A}\cap\boldsymbol{O}=\boldsymbol{O}$$

$$\boldsymbol{A}\cup\boldsymbol{U}=\boldsymbol{U}$$

$$\boldsymbol{A}\cap\boldsymbol{U}=\boldsymbol{A}$$

（7）还原律：

$$(\boldsymbol{A}^c)^c=\boldsymbol{A}$$

（8）对偶律：

$$(\boldsymbol{A}\cup\boldsymbol{B})^c=\boldsymbol{A}^c\cap\boldsymbol{B}^c$$

$$(\boldsymbol{A}\cap\boldsymbol{B})^c=\boldsymbol{A}^c\cup\boldsymbol{B}^c$$

对于$\mathcal{M}_{m\times n}$中的模糊矩阵$\boldsymbol{A},\boldsymbol{B},\boldsymbol{C},\boldsymbol{D}$，还有以下包含性质。

（9）若$\boldsymbol{A}\leqslant\boldsymbol{B}$，则$\boldsymbol{A}\cup\boldsymbol{B}=\boldsymbol{B}$，$\boldsymbol{A}\cap\boldsymbol{B}=\boldsymbol{A}$，$\boldsymbol{A}^c\geqslant\boldsymbol{B}^c$。

（10）若$\boldsymbol{A}\leqslant\boldsymbol{B}$且$\boldsymbol{C}\leqslant\boldsymbol{D}$，则$\boldsymbol{A}\cup\boldsymbol{C}\leqslant\boldsymbol{B}\cup\boldsymbol{D}$，$\boldsymbol{A}\cap\boldsymbol{C}\leqslant\boldsymbol{B}\cap\boldsymbol{D}$。

考虑两个模糊矩阵$\boldsymbol{A}$和$\boldsymbol{B}$，对于它们的任意元素a_{ij}和b_{ij}，对偶律可以通过以下方式证明：

$$\begin{aligned}(\boldsymbol{A}\cup\boldsymbol{B})^c&=\left(a_{ij}\vee b_{ij}\right)_{m\times n}^c\\&=\left[1-(a_{ij}\vee b_{ij})\right]_{m\times n}\\&=\left[(1-a_{ij})\wedge(1-b_{ij})\right]_{m\times n}\\&=\boldsymbol{A}^c\cap\boldsymbol{B}^c\end{aligned}$$

包含性质的证明如下：

若$\boldsymbol{A}\leqslant\boldsymbol{B}$，则对于它们的任意元素$a_{ij}$和$b_{ij}$有

$$a_{ij}\leqslant b_{ij},\quad 1-a_{ij}\geqslant 1-b_{ij}$$

因此

$$\boldsymbol{A}^c=\left(1-a_{ij}\right)_{m\times n}\geqslant\left(1-b_{ij}\right)_{m\times n}=\boldsymbol{B}^c$$

若$\boldsymbol{A}\leqslant\boldsymbol{B}$且$\boldsymbol{C}\leqslant\boldsymbol{D}$，则对于它们的任意元素$a_{ij}$，$b_{ij}$，$c_{ij}$和$d_{ij}$有

$$a_{ij}\leqslant b_{ij},c_{ij}\leqslant d_{ij}$$

所以

$$a_{ij}\vee c_{ij}\leqslant b_{ij}\vee d_{ij}$$

因此

$$\boldsymbol{A}\cup\boldsymbol{C}\leqslant\boldsymbol{B}\cup\boldsymbol{D}$$

同样，对于交运算：

$$a_{ij}\wedge c_{ij}\leqslant b_{ij}\wedge d_{ij}$$

因此

$$A \cap C \leqslant B \cap D$$

模糊矩阵的并和交运算不满足排中律，即$A \cup A^c \neq U$和$A \cap A^c \neq O$。这是由模糊逻辑的特性决定的，与经典逻辑的排中律不同。

3. 模糊矩阵的合成运算

设$A=\left(a_{ij}\right)_{m\times s}$和$B=\left(b_{ij}\right)_{s\times n}$是模糊矩阵，则模糊矩阵$A\circ B=\left(c_{ij}\right)_{m\times n}$被定义为$A$与$B$的合成，其中$c_{ij}=\bigvee_{k=1}^{s}\left(a_{ik}\wedge b_{kj}\right)$。这种合成运算通常称为max−min合成运算。

例如，设A和B分别是如下2×3和3×2的模糊矩阵：

$$A=\begin{pmatrix} 0.5 & 0.8 & 0.2 \\ 0.9 & 0.6 & 0.4 \end{pmatrix},\quad B=\begin{pmatrix} 0.8 & 0.5 \\ 0.3 & 0.7 \\ 0.1 & 0.6 \end{pmatrix}$$

则$A\circ B$的计算如下：

$$A\circ B=\begin{pmatrix} (0.5\wedge 0.8)\vee(0.8\wedge 0.3)\vee(0.2\wedge 0.1) & (0.5\wedge 0.5)\vee(0.8\wedge 0.7)\vee(0.2\wedge 0.6) \\ (0.9\wedge 0.8)\vee(0.6\wedge 0.3)\vee(0.4\wedge 0.1) & (0.9\wedge 0.5)\vee(0.6\wedge 0.7)\vee(0.4\wedge 0.6) \end{pmatrix}$$

$$=\begin{pmatrix} 0.5 & 0.7 \\ 0.8 & 0.6 \end{pmatrix}$$

需要注意的是，合成运算不满足交换律，即$A\circ B\neq B\circ A$。这可以从上面的例子中看出，如果计算$B\circ A$，结果将不同。

和普通矩阵乘法一样，只有当A的列数与B的行数相等时，合成运算$A\circ B$才有意义。

对于$\mathcal{M}_{n\times n}$中的模糊方阵A，其幂定义如下：

$$A^2 \xlongequal{\text{def}} A\circ A$$

$$A^3 \xlongequal{\text{def}} A^2\circ A$$

$$\vdots$$

$$\boldsymbol{A}^n \overset{\text{def}}{=\!=} \boldsymbol{A}^{n-1} \circ \boldsymbol{A}$$

合成运算具有以下性质。

（1）结合律：

$$(\boldsymbol{A} \circ \boldsymbol{B}) \circ \boldsymbol{C} = \boldsymbol{A} \circ (\boldsymbol{B} \circ \boldsymbol{C})$$

（2）幂的合成规律：

$$\boldsymbol{A}^k \circ \boldsymbol{A}^l = \boldsymbol{A}^{k+l}\ ,\ (\boldsymbol{A}^m)^n = \boldsymbol{A}^{m \cdot n}$$

（3）分配律：

$$\boldsymbol{A} \circ (\boldsymbol{B} \cup \boldsymbol{C}) = (\boldsymbol{A} \circ \boldsymbol{B}) \cup (\boldsymbol{A} \circ \boldsymbol{C})$$

$$(\boldsymbol{B} \cup \boldsymbol{C}) \circ \boldsymbol{A} = (\boldsymbol{B} \circ \boldsymbol{A}) \cup (\boldsymbol{C} \circ \boldsymbol{A})$$

并运算的分配律可推广至无限多个并的运算：

$$\boldsymbol{A} \circ \left(\bigcup_{t \in \mathbf{N}^+} \boldsymbol{B}^{(t)} \right) = \bigcup_{t \in \mathbf{N}^+} (\boldsymbol{A} \circ \boldsymbol{B}^{(t)})$$

$$\left(\bigcup_{t \in \mathbf{N}^+} \boldsymbol{B}^{(t)} \right) \circ \boldsymbol{A} = \bigcup_{t \in \mathbf{N}^+} (\boldsymbol{B}^{(t)} \circ \boldsymbol{A})$$

（4）0-1 律：

$$\boldsymbol{O} \circ \boldsymbol{A} = \boldsymbol{A} \circ \boldsymbol{O} = \boldsymbol{O}$$

$$\boldsymbol{I} \circ \boldsymbol{A} = \boldsymbol{A} \circ \boldsymbol{I} = \boldsymbol{A}$$

（5）条件规律：若$\boldsymbol{A} \leqslant \boldsymbol{B}$，$\boldsymbol{C} \leqslant \boldsymbol{D}$成立，则

$$\boldsymbol{A} \circ \boldsymbol{C} \leqslant \boldsymbol{B} \circ \boldsymbol{D}$$

（6）推导规律：若$\boldsymbol{A} \leqslant \boldsymbol{B}$成立，则

$$\boldsymbol{A} \circ \boldsymbol{C} \leqslant \boldsymbol{B} \circ \boldsymbol{C}$$

$$\boldsymbol{C} \circ \boldsymbol{A} \leqslant \boldsymbol{C} \circ \boldsymbol{B}$$

$$\boldsymbol{A}^n \leqslant \boldsymbol{B}^n$$

条件规律的证明如下。

若 $\boldsymbol{A},\boldsymbol{B},\boldsymbol{C},\boldsymbol{D}\in\mathcal{M}_{n\times n}$，且满足 $\boldsymbol{A}\leqslant\boldsymbol{B}$ 和 $\boldsymbol{C}\leqslant\boldsymbol{D}$，则对于任意 i,j,k 有 $a_{ik}\leqslant b_{ik}$ 和 $c_{kj}\leqslant d_{kj}$。

因此，对于任意 k，有 $a_{ik}\wedge c_{kj}\leqslant b_{ik}\wedge d_{kj}$。据此可以得出

$$\bigvee_k(a_{ik}\wedge c_{kj})\leqslant\bigvee_k(b_{ik}\wedge d_{kj})$$

由这个结论可得 $\boldsymbol{A}\circ\boldsymbol{C}\leqslant\boldsymbol{B}\circ\boldsymbol{D}$。

推导规律的证明如下。

$\boldsymbol{A}^n\leqslant\boldsymbol{B}^n$ 的证明可以通过数学归纳法进行。当 $n=1$ 时，$\boldsymbol{A}\leqslant\boldsymbol{B}$ 成立。现假设当 $n=k$ 时，$\boldsymbol{A}^k\leqslant\boldsymbol{B}^k$ 成立，接下来证明当 $n=k+1$ 时命题也成立。

根据归纳假设和条件规律，有

$$\boldsymbol{A}^k\circ\boldsymbol{A}\leqslant\boldsymbol{B}^k\circ\boldsymbol{B}$$

即

$$\boldsymbol{A}^{k+1}\leqslant\boldsymbol{B}^{k+1}$$

因此，$\boldsymbol{A}^n\leqslant\boldsymbol{B}^n$ 对所有 n 成立。

在进行模糊矩阵的合成运算时，有如下两个重要的注意事项。

（1）交运算的分配律在模糊矩阵中不成立，即

$$(\boldsymbol{A}\cap\boldsymbol{B})\circ\boldsymbol{C}\neq(\boldsymbol{A}\circ\boldsymbol{C})\cap(\boldsymbol{B}\circ\boldsymbol{C})$$

大家通过一个例子可以明白这一点。考虑以下模糊矩阵 $\boldsymbol{A}$，$\boldsymbol{B}$ 和 $\boldsymbol{C}$：

$$\boldsymbol{A}=\begin{pmatrix}0.1 & 0.3\\0.2 & 0.1\end{pmatrix},\quad \boldsymbol{B}=\begin{pmatrix}0.2 & 0.1\\0.3 & 0.2\end{pmatrix},\quad \boldsymbol{C}=\begin{pmatrix}0.5 & 0.1\\0.3 & 0.2\end{pmatrix}$$

计算 $(\boldsymbol{A}\cap\boldsymbol{B})\circ\boldsymbol{C}$ 和 $(\boldsymbol{A}\circ\boldsymbol{C})\cap(\boldsymbol{B}\circ\boldsymbol{C})$ 得

$$(\boldsymbol{A}\cap\boldsymbol{B})\circ\boldsymbol{C}=\begin{pmatrix}0.1 & 0.1\\0.2 & 0.1\end{pmatrix}$$

$$(\boldsymbol{A}\circ\boldsymbol{C})\cap(\boldsymbol{B}\circ\boldsymbol{C})=\begin{pmatrix}0.2 & 0.1\\0.2 & 0.1\end{pmatrix}$$

由此可得$(\boldsymbol{A}\cap\boldsymbol{B})\circ\boldsymbol{C}\neq(\boldsymbol{A}\circ\boldsymbol{C})\cap(\boldsymbol{B}\circ\boldsymbol{C})$。

（2）模糊矩阵的合成运算$\boldsymbol{A}\circ\boldsymbol{A}$不等同于矩阵$\boldsymbol{A}$本身，而是定义为$\boldsymbol{A}$的幂，即$\boldsymbol{A}\circ\boldsymbol{A}\overset{\text{def}}{=\!=}\boldsymbol{A}^2$。

4. 模糊矩阵的转置

对于模糊矩阵$\boldsymbol{A}=\left(a_{ij}\right)_{m\times n}$，其转置矩阵定义为$\boldsymbol{A}^{\mathrm{T}}=\left(a_{ij}^{\mathrm{T}}\right)_{n\times m}$，其中每个元素$a_{ij}^{\mathrm{T}}=a_{ji}$（$i=1,2,\cdots,m$；$j=1,2,\cdots,n$）。

模糊矩阵的转置具有以下性质。

（1）自反性：

$$(\boldsymbol{A}^{\mathrm{T}})^{\mathrm{T}}=\boldsymbol{A}$$

（2）并运算的转置性质：

$$(\boldsymbol{A}\cup\boldsymbol{B})^{\mathrm{T}}=\boldsymbol{A}^{\mathrm{T}}\cup\boldsymbol{B}^{\mathrm{T}}$$

同样对于交运算，$(\boldsymbol{A}\cap\boldsymbol{B})^{\mathrm{T}}=\boldsymbol{A}^{\mathrm{T}}\cap\boldsymbol{B}^{\mathrm{T}}$也成立。

（3）合成运算的转置性质：

$$(\boldsymbol{A}\circ\boldsymbol{B})^{\mathrm{T}}=\boldsymbol{B}^{\mathrm{T}}\circ\boldsymbol{A}^{\mathrm{T}},$$

对于幂，$(\boldsymbol{A}^n)^{\mathrm{T}}=(\boldsymbol{A}^{\mathrm{T}})^n$也成立。

（4）余运算的转置性质：

$$(\boldsymbol{A}^c)^{\mathrm{T}}=(\boldsymbol{A}^{\mathrm{T}})^c$$

（5）不等式的转置性质：

$$\boldsymbol{A}\leqslant\boldsymbol{B}\Leftrightarrow\boldsymbol{A}^{\mathrm{T}}\leqslant\boldsymbol{B}^{\mathrm{T}}。$$

下面是合成运算的转置性质的证明。

设$\boldsymbol{A}=\left(a_{ik}\right)_{m\times s}$和$\boldsymbol{B}=\left(b_{kj}\right)_{s\times n}$，则$\boldsymbol{A}\circ\boldsymbol{B}=\boldsymbol{C}=\left(c_{ij}\right)_{m\times n}$，其中

$$c_{ij}=\bigvee_{k=1}^{s}(a_{ik}\wedge b_{kj})$$

计算$(\boldsymbol{A}\circ\boldsymbol{B})^{\mathrm{T}}$：

$$(\boldsymbol{A}\circ\boldsymbol{B})^{\mathrm{T}}=\boldsymbol{C}^{\mathrm{T}}=\left(c_{ij}^{\mathrm{T}}\right)_{n\times m}=\left(c_{ji}\right)_{n\times m}$$

按定义$c_{ij}^{\mathrm{T}}=c_{ji}$。

计算$\boldsymbol{B}^{\mathrm{T}}\circ\boldsymbol{A}^{\mathrm{T}}$：

由于$\boldsymbol{A}^{\mathrm{T}}=\left(a_{ik}^{\mathrm{T}}\right)_{s\times m}$（$a_{ik}^{\mathrm{T}}=a_{ki}$），$\boldsymbol{B}^{\mathrm{T}}=\left(b_{kj}^{\mathrm{T}}\right)_{n\times s}\left(b_{kj}^{\mathrm{T}}=b_{jk}\right)$，则有

$$\begin{aligned}\boldsymbol{B}^{\mathrm{T}}\circ\boldsymbol{A}^{\mathrm{T}}&=\left(\bigvee_{k=1}^{s}(b_{ik}^{\mathrm{T}}\wedge a_{kj}^{\mathrm{T}})\right)_{n\times m}\\&=\left(\bigvee_{k=1}^{s}(b_{ki}\wedge a_{jk})\right)_{n\times m}\\&=\left(c_{ji}\right)_{n\times m}\end{aligned}$$

因此，$(\boldsymbol{A}\circ\boldsymbol{B})^{\mathrm{T}}=\boldsymbol{B}^{\mathrm{T}}\circ\boldsymbol{A}^{\mathrm{T}}$。

下面用数学归纳法证明$(\boldsymbol{A}^{n})^{\mathrm{T}}=(\boldsymbol{A}^{\mathrm{T}})^{n}$。

当$n=1$时，$\boldsymbol{A}^{\mathrm{T}}=\boldsymbol{A}^{\mathrm{T}}$成立。

假设当$n=k$时，$(\boldsymbol{A}^{k})^{\mathrm{T}}=(\boldsymbol{A}^{\mathrm{T}})^{k}$成立，则当$n=k+1$时，

$$(\boldsymbol{A}^{k+1})^{\mathrm{T}}=(\boldsymbol{A}^{k}\circ\boldsymbol{A})^{\mathrm{T}}=\boldsymbol{A}^{\mathrm{T}}\circ(\boldsymbol{A}^{k})^{\mathrm{T}}=\boldsymbol{A}^{\mathrm{T}}\circ(\boldsymbol{A}^{\mathrm{T}})^{k}=(\boldsymbol{A}^{\mathrm{T}})^{k+1}$$

因此，对于任意自然数n，$(\boldsymbol{A}^{n})^{\mathrm{T}}=(\boldsymbol{A}^{\mathrm{T}})^{n}$。

5. 模糊矩阵的λ－截矩阵

设$\boldsymbol{A}=\left(a_{ij}\right)\in\mathcal{M}_{m\times n}$，对于任意$\lambda\in[0,1]$，$\boldsymbol{A}$的$\lambda$－截矩阵定义为$\boldsymbol{A}_{\lambda}=\left(a_{ij}^{(\lambda)}\right)$，其中

$$a_{ij}^{(\lambda)}=\begin{cases}1, & a_{ij}\geqslant\lambda\\0, & a_{ij}<\lambda\end{cases}$$

这意味着截矩阵是一个布尔矩阵，根据原模糊矩阵中的元素与λ的比较结果其元素确定为 1 或 0。

对于任意$\lambda\in[0,1]$，模糊矩阵的λ－截矩阵具有以下性质。

（1）不等式性质：

$$\boldsymbol{A} \leqslant \boldsymbol{B} \text{当且仅当} \boldsymbol{A}_\lambda \leqslant \boldsymbol{B}_\lambda$$

（2）并和交运算性质：

$$(\boldsymbol{A} \cup \boldsymbol{B})_\lambda = \boldsymbol{A}_\lambda \cup \boldsymbol{B}_\lambda$$

$$(\boldsymbol{A} \cap \boldsymbol{B})_\lambda = \boldsymbol{A}_\lambda \cap \boldsymbol{B}_\lambda$$

（3）合成运算性质：

$$(\boldsymbol{A} \circ \boldsymbol{B})_\lambda = \boldsymbol{A}_\lambda \circ \boldsymbol{B}_\lambda$$

（4）转置运算性质：

$$(\boldsymbol{A}^{\mathrm{T}})_\lambda = (\boldsymbol{A}_\lambda)^{\mathrm{T}}$$

性质（1）的证明如下：

考虑两个模糊矩阵$\boldsymbol{A}$和$\boldsymbol{B}$，如果$\boldsymbol{A} \leqslant \boldsymbol{B}$，那么对于任意的$i, j$，有$a_{ij} \leqslant b_{ij}$。因此，对于任意$\lambda \in [0,1]$，有以下三种情况：

（1）若$\lambda \leqslant a_{ij} \leqslant b_{ij}$，则$a_{ij}^{(\lambda)} = b_{ij}^{(\lambda)} = 1$。

（2）若$a_{ij} < \lambda \leqslant b_{ij}$，则$a_{ij}^{(\lambda)} = 0$，$b_{ij}^{(\lambda)} = 1$。

（3）若$a_{ij} \leqslant b_{ij} < \lambda$，则$a_{ij}^{(\lambda)} = b_{ij}^{(\lambda)} = 0$。

因此，在所有情况下都有$a_{ij}^{(\lambda)} \leqslant b_{ij}^{(\lambda)}$，即$\boldsymbol{A}_\lambda \leqslant \boldsymbol{B}_\lambda$。

反之，已知$\boldsymbol{A}_\lambda \leqslant \boldsymbol{B}_\lambda$对于任意$\lambda \in [0,1]$成立，假设存在$(i_0, j_0)$使得$a_{i_0 j_0} > b_{i_0 j_0}$。选取$\lambda = a_{i_0 j_0}$，则有$\lambda > b_{i_0 j_0}$，所以$a_{i_0 j_0}^{(\lambda)} = 1$，$b_{i_0 j_0}^{(\lambda)} = 0$，即$a_{i_0 j_0}^{(\lambda)} > b_{i_0 j_0}^{(\lambda)}$，这与$\boldsymbol{A}_\lambda \leqslant \boldsymbol{B}_\lambda$矛盾，因此$\boldsymbol{A} \leqslant \boldsymbol{B}$。

性质（3）的证明如下：

记$\boldsymbol{A} = \left(a_{ik}\right)_{m \times s}$，$\boldsymbol{B} = \left(b_{kj}\right)_{s \times n}$，且$\boldsymbol{A} \circ \boldsymbol{B} = \boldsymbol{C} = \left(c_{ij}\right)_{m \times n}$。对于任意$i, j, k$，有以下两种情况：

（1） $c_{ij}^{(\lambda)}=1$ 当且仅当 $c_{ij}\geqslant\lambda$，即 $\exists k$ 使得 $(a_{ik}\wedge b_{kj})\geqslant\lambda$，即 $a_{ik}\geqslant\lambda$且$b_{kj}\geqslant\lambda$，即$a_{ik}^{(\lambda)}=1$且$b_{kj}^{(\lambda)}=1$。

（2） $c_{ij}^{(\lambda)}=0$ 当且仅当 $c_{ij}<\lambda$，即 $\forall k$，$(a_{ik}\wedge b_{kj})<\lambda$，即 $(a_{ik}<\lambda)$ 或 $(b_{kj}<\lambda)$，即$a_{ik}^{(\lambda)}=0$或$b_{kj}^{(\lambda)}=0$。

因此，$c_{ij}^{(\lambda)}=\bigvee_{k=1}^{s}(a_{ik}^{(\lambda)}\wedge b_{kj}^{(\lambda)})$，即$(\boldsymbol{A}\circ\boldsymbol{B})_\lambda=\underset{\sim}{A}_\lambda\circ\boldsymbol{B}_\lambda$。

5.1.3 模糊矩阵的基本定理

模糊自反矩阵：一个$n\times n$的模糊矩阵$\boldsymbol{A}$，如果满足$\boldsymbol{A}\geqslant\boldsymbol{I}$（$\boldsymbol{A}$的主对角线元素$a_{ii}=1$），那么称$\boldsymbol{A}$为模糊自反矩阵。

举例来说，考虑矩阵$\boldsymbol{A}=\begin{pmatrix}1 & 0.2\\ 0.5 & 1\end{pmatrix}$，该矩阵大于或等于单位矩阵$\boldsymbol{I}=\begin{pmatrix}1 & 0\\ 0 & 1\end{pmatrix}$，因此$\boldsymbol{A}$是一个模糊自反矩阵。

模糊对称矩阵：一个$n\times n$的模糊矩阵$\boldsymbol{A}$，如果满足$\boldsymbol{A}^{\mathrm{T}}=\boldsymbol{A}$（$a_{ij}=a_{ji}$），那么称$\boldsymbol{A}$为模糊对称矩阵。

举例来说，矩阵

$$\boldsymbol{A}=\begin{pmatrix}0 & 0.3 & 0.5\\ 0.3 & 1 & 0.1\\ 0.5 & 0.1 & 0.9\end{pmatrix}$$

是一个模糊对称矩阵，因为它等于其转置。

模糊传递矩阵：一个 $n\times n$ 的模糊矩阵 $\boldsymbol{A}$，如果满足 $\boldsymbol{A}^2\leqslant\boldsymbol{A}$（$\bigvee_{k=1}^{n}(a_{ik}\wedge a_{kj})\leqslant a_{ij}$），那么称$\boldsymbol{A}$为模糊传递矩阵。

举例来说，考虑矩阵

$$A=\begin{pmatrix}0.1 & 0.2 & 0.3\\ 0 & 0.1 & 0.2\\ 0 & 0 & 0.1\end{pmatrix}$$

其平方

$$A^2=\begin{pmatrix}0.1 & 0.1 & 0.2\\ 0 & 0.1 & 0.1\\ 0 & 0 & 0.1\end{pmatrix}$$

小于或等于$\boldsymbol{A}$，因此，$\boldsymbol{A}$是一个模糊传递矩阵。

考虑三个$n\times n$的模糊矩阵$\boldsymbol{Q}$，$\boldsymbol{S}$和$\boldsymbol{A}$。如果$\boldsymbol{S}$和$\boldsymbol{A}$满足以下条件，那么称$\boldsymbol{S}$为$\boldsymbol{A}$的传递闭包，记作$t(\boldsymbol{A})$，即$\boldsymbol{S}=t(\boldsymbol{A})$。

（1）$\boldsymbol{S}$满足自身的传递性质，即$\boldsymbol{S}\geqslant\boldsymbol{A}$且$\boldsymbol{S}^2\leqslant\boldsymbol{S}$。

（2）对于任何满足$\boldsymbol{Q}\geqslant\boldsymbol{A}$且$\boldsymbol{Q}^2\leqslant\boldsymbol{Q}$的$\boldsymbol{Q}$，有$\boldsymbol{Q}\geqslant\boldsymbol{S}$。

这意味着$\boldsymbol{A}$的传递闭包$t(\boldsymbol{A})$是包含$\boldsymbol{A}$并被所有包含$\boldsymbol{A}$的传递矩阵所包含的最小模糊传递矩阵。

$t(\boldsymbol{A})$具有以下特性。

（1）传递性：$t(\boldsymbol{A})^\circ t(\boldsymbol{A})\leqslant t(\boldsymbol{A})$。

（2）包含性：$t(\boldsymbol{A})\geqslant\boldsymbol{A}$。

（3）最小性：对于任何满足$\boldsymbol{Q}\geqslant\boldsymbol{A}$且$\boldsymbol{Q}\circ\boldsymbol{Q}\leqslant\boldsymbol{Q}$的$\boldsymbol{Q}$，有$\boldsymbol{Q}\geqslant t(\boldsymbol{A})$。

如果$\boldsymbol{A}\in\mathcal{M}_{n\times n}$是模糊自反矩阵，那么有

$$\boldsymbol{A}\leqslant\boldsymbol{A}^2\leqslant\boldsymbol{A}^3\leqslant\cdots\leqslant\boldsymbol{A}^{n-1}\leqslant\boldsymbol{A}^n\leqslant\cdots$$

以下是证明过程：

由于$\boldsymbol{A}$是模糊自反矩阵，且满足$\boldsymbol{A}\geqslant\boldsymbol{I}$，使用合成运算的性质，可以得出$\boldsymbol{I}\circ\boldsymbol{A}\leqslant\boldsymbol{A}\circ\boldsymbol{A}$，即$\boldsymbol{I}\leqslant\boldsymbol{A}\leqslant\boldsymbol{A}^2$。

不断应用这个过程，可以得出$\boldsymbol{I}\leqslant\boldsymbol{A}\leqslant\boldsymbol{A}^2\leqslant\boldsymbol{A}^3\leqslant\cdots$。

因此

$$I \leqslant A \leqslant A^2 \leqslant A^3 \leqslant \cdots \leqslant A^{n-1} \leqslant A^n \leqslant \cdots$$

对于任意$n \times n$的模糊矩阵A，其传递闭包可以表示为

$$t(A) = \underset{\sim}{A} \cup A^2 \cup \cdots \cup A^n \cup \cdots = \bigcup_{k=1}^{\infty} A^k$$

以下是简要的证明过程：

易知

$$\begin{aligned}
\bigcup_{k=1}^{+\infty} A^k \circ \bigcup_{j=1}^{+\infty} A^j &= \bigcup_{k=1}^{+\infty}\left(A^k \circ \bigcup_{j=1}^{+\infty} A^j\right) \\
&= \bigcup_{k=1}^{+\infty}\bigcup_{j=1}^{+\infty}\left(A^k \circ A^j\right) \\
&= \bigcup_{k=1}^{+\infty}\bigcup_{j=1}^{+\infty} A^{k+j} \\
&= \bigcup_{m=2}^{+\infty} A^m \leqslant \bigcup_{m=1}^{+\infty} A^m
\end{aligned}$$

$$\bigcup_{k=1}^{+\infty} A^k \geqslant A$$

对于任意$Q \geqslant A$，由合成运算的性质可知对于任意$k \in \mathbf{N}$，有$Q^k \geqslant A^k$。又因为

$$Q^2 \leqslant Q,\quad Q^3 = Q^2 \circ Q \leqslant Q \circ Q \leqslant Q, \cdots, Q^k \leqslant Q$$

所以对于任意 $k \in \mathbf{N}$，有$Q \geqslant Q^k \geqslant A^k$，故

$$Q \geqslant \bigcup_{k=1}^{+\infty} A^k$$

对于任意$n \times n$的模糊矩阵A，其传递闭包实际上可以简化为

$$t(A) = \bigcup_{k=1}^{n} A^k$$

此定理的重要性在于提供了一个简化的计算方法。n阶矩阵$\boldsymbol{A}$不需要进行无穷多次并运算，而最多只需n次并运算即可得到$\boldsymbol{A}$的传递闭包。

5.2 模糊聚类的基本概念

客观世界的各种事物之间存在不同的相互联系。在数学上，就将“关系”作为一种数学模型来描写事物之间的联系。数学上的所谓关系是抽象的，因为数学讨论的内容往往是抽象的[①]。

模糊聚类是一种基于模糊等价关系的分类方法，用于将一组给定的对象划分为若干等价类。这种分类方法可以通过普通等价关系的分类来实现。因此，大家首先需要了解模糊等价关系与普通等价关系之间的联系和性质。

假设$\underset{\sim}{R}$是一个等价关系，那么$\underset{\sim}{R}_\alpha$也是一个等价关系。因此，$\underset{\sim}{R}_\alpha$中的元素可以被分为若干个等价类。对于集合$U$中的任意元素$u$，定义$u$的等价类如下：

$$[u]=\{v|(u,v)\in \underset{\sim}{R}_\alpha\}$$

其中，$[u]$是指在关系$\underset{\sim}{R}_\alpha$下与$u$等价的所有元素的集合。

等价类具有以下两个重要性质：

（1）所有等价类的并集覆盖了整个集合U，即$\bigcup\limits_{u\in U}[u]=U$。

（2）任意两个等价类$[u]$和$[v]$要么完全相同，要么完全不相交，即$[u]\cap[v]\neq\varnothing\Leftrightarrow[u]=[v]$。

以等价类为元素构成的集合称为商集合，记作

① 闵珊华，贺仲雄．懂一点模糊数学 [M]. 北京：中国青年出版社，1985：97.

$$U/\underset{\sim}{R}_\alpha=\{[u]|u\in U\}$$

设B为集合U上的一个模糊等价关系，$\alpha,\beta\in[0,1]$。当$\alpha<\beta$时，分别以等价关系$\underset{\sim}{R}_\alpha,\underset{\sim}{R}_\beta$构造如下商集合：

$$U/\underset{\sim}{R}_\alpha=\{A_1^{(\alpha)},A_2^{(\alpha)},\cdots,A_m^{(\alpha)}\}$$

$$U/\underset{\sim}{R}_\beta=\{A_1^{(\beta)},A_2^{(\beta)},\cdots,A_k^{(\beta)}\}$$

那么，$m\leqslant k$成立，并且当$A_i^{(\alpha)}\cap A_j^{(\beta)}\neq\varnothing$时，有$A_i^{(\alpha)}\subseteq A_j^{(\beta)}$。

证明如下：假设$A_i^{(\alpha)}\cap A_j^{(\beta)}\neq\varnothing$，则存在$w\in A_i^{(\alpha)}\cap A_j^{(\beta)}$。假设$u\in A_j^{(\beta)}$，那么$u$和$w$处于同一个等价类$A_j^{(\beta)}$中。由于$(u,w)\in\underset{\sim}{R}_\beta$，且$\beta>\alpha$，因此，$(u,w)\in\underset{\sim}{R}_\alpha$，即$u\in A_i^{(\alpha)}$。因此，$A_i^{(\alpha)}\subseteq A_j^{(\beta)}$。

由于$\bigcup\limits_{i=1}^{m}A_i^{(\alpha)}=\bigcup\limits_{j=1}^{k}A_i^{(\beta)}=U$，因此$m\leqslant k$。

此定理表明，对于模糊关系$\underset{\sim}{R}$，当取α－截集进行等价分类时，α值越小，分类的类别越少。因此，当α值从大变小时，分类的粒度从细变粗。这种模糊分类方法被称为协调的。

设模糊相似关系$\underset{\sim}{R}$是集合U上的一个性质，对于所有的$\alpha\in[0,1]$，满足以下等式：

$$\left(\hat{\underset{\sim}{R}}\right)_\alpha=\widehat{\left(\underset{\sim}{R}_\alpha\right)}$$

证明如下：由于$\underset{\sim}{R}$是集合U上的相似关系，它具有自反性和传递性。因此

$$\hat{\underset{\sim}{R}}=\lim_{n\to\infty}\underset{\sim}{R}^n=\underset{\sim}{R}$$

$$\left(\hat{\underset{\sim}{R}}\right)_\alpha=\left(\underset{\sim}{R}\right)_\alpha=\left(\lim_{n\to\infty}\underset{\sim}{R}^n\right)_\alpha=\lim_{n\to\infty}\left(\underset{\sim}{R}_\alpha\right)^n=\widehat{\left(\underset{\sim}{R}_\alpha\right)}$$

其中，$\hat{\underset{\sim}{R}}$表示$\underset{\sim}{R}$的传递闭包。此定理表明，对$\underset{\sim}{R}$执行传递闭包操作与对其执行α－截集操作的先后顺序是无关的。

设$\underset{\sim}{R}$为集合U上的模糊等价关系，则定义限制条件u_0下的模糊集合如下：

$$\left(\underset{\sim}{R}|_{u_0}\right)(u)=\underset{\sim}{R}(u_0,u)(\forall u\in U)$$

其中，$\left(\underset{\sim}{R}|_{u_0}\right)(u)$表示在给定元素$u_0$下，集合$U$中任意元素$u$与$u_0$之间的模糊等价关系。

进一步，定义模糊商集合如下：

$$U/\underset{\sim}{R}=\{\underset{\sim}{R}|_{u_0}\mid u_0\in U\}$$

这个模糊商集合是由集合U中每个元素u_0下的模糊集合$\underset{\sim}{R}|_{u_0}$组成的集合。这些模糊集合表达了集合$U$内各元素之间的模糊等价关系。

设$\underset{\sim}{R}$为模糊等价关系，$U/\underset{\sim}{R}$为模糊商集合，则有以下性质。

（1）若$\underset{\sim}{R}(u,v)=0$，则

$$\left(\underset{\sim}{R}|_u\right)\cap\left(\underset{\sim}{R}|_v\right)=\varnothing$$

证明如下：

设$\underset{\sim}{R}(u,v)=0$，则对所有$w\in U$有

$$\left(\left(\underset{\sim}{R}|_u\right)\cap\left(\underset{\sim}{R}|_v\right)\right)(w)=\underset{\sim}{R}(u,w)\wedge\underset{\sim}{R}(w,v)$$

因此

$$\bigvee_{w\in U}\left[\underset{\sim}{R}(u,w)\wedge\underset{\sim}{R}(w,v)\right]=\underset{\sim}{R}(u,v)=0$$

$$\Rightarrow\left(\underset{\sim}{R}|_u\right)\cap\left(\underset{\sim}{R}|_v\right)=\varnothing$$

反之，若$\left(\underset{\sim}{R}|_u\right)\cap\left(\underset{\sim}{R}|_v\right)=\varnothing$，则

$$\left(\left(\underset{\sim}{R}|_u\right)\cap\left(\underset{\sim}{R}|_v\right)\right)(u)=\underset{\sim}{R}(u,u)\wedge\underset{\sim}{R}(u,v)=1\wedge\underset{\sim}{R}(u,v)=0$$

$$\Rightarrow\underset{\sim}{R}(u,v)=0$$

（2）对于任何$v\in U$，

$$\left(\bigcup_{u\in U}\underset{\sim}{R}|_u\right)(v)=\underset{\sim}{R}|_v\ (v)=\underset{\sim}{R}(v,v)=1$$

$$\Rightarrow\left(\bigcup_{u\in U}\underset{\sim}{R}|_u\right)=U$$

（3）若$\left(\underset{\sim}{R}|_u\right)=\left(\underset{\sim}{R}|_v\right)$，则$\underset{\sim}{R}(u,v)=1$。

（4）存在从U到$U/\underset{\sim}{R}$的满映射f，使得$f(u)=\underset{\sim}{R}|_u$。

性质（3）和（4）的证明同理可得。这些性质说明了模糊等价关系和模糊商集合之间的基本关系及其特性。

设$\underset{\sim}{R}$为集合U上的模糊等价关系，且~为U上的普通等价关系。定义如下映射：

$$f:U/\underset{\sim}{R}\to U/\sim,\underset{\sim}{R}|_u\mapsto[u]$$

其中，等价关系~表示对于U中的任意u,v：

$$u\sim v\Leftrightarrow\underset{\sim}{R}|_u=\underset{\sim}{R}|_v$$

下面证明映射f是满射和单射。

（1）满射性：对于$U/\sim$中的每个元素$[u]$，存在$u\in[u]$，因此$f^{-1}([u])=\underset{\sim}{R}|_u$。于是，$f(f^{-1}([u]))=(f\circ f^{-1})([u])=[u]$，所以$f$是满射。

（2）单射性：若$f(\underset{\sim}{R}|_u)=f(\underset{\sim}{R}|_v)$，则$[u]=[v]$，即$u\sim v$。因此，$\underset{\sim}{R}|_u=\underset{\sim}{R}|_v$，从而$f$是单射。

这一定理表明模糊商集合与普通商集合之间存在一一对应的关系。

5.3　常见的模糊聚类算法

5.3.1　模糊矩阵的传递闭包法

传递闭包是指包含原始矩阵所有信息的最小传递模糊矩阵。模糊矩阵的传递闭包法的主要目的是找到一个模糊矩阵的传递闭包。

设模糊矩阵$\boldsymbol{R} \in \mathcal{M}_{n\times n}$，其传递闭包记作$t(\boldsymbol{R})$。

计算步骤如下。

（1）初始化：令$\boldsymbol{T}^{(0)}=\boldsymbol{R}$。

（2）迭代计算：逐步计算$\boldsymbol{T}^{(k)}=\boldsymbol{T}^{(k-1)}\circ\boldsymbol{R}$，直到$\boldsymbol{T}^{(k)}=\boldsymbol{T}^{(k-1)}$。此时，$\boldsymbol{T}^{(k)}$就是$\boldsymbol{R}$的传递闭包。

（3）得到结果：传递闭包$t(\boldsymbol{R})=\boldsymbol{T}^{(k)}$。

下面来看一个示例。

假设有如下模糊矩阵：

$$\boldsymbol{R}=\begin{pmatrix}0.5 & 1\\ 0 & 0.5\end{pmatrix}$$

计算过程如下：

初始化，令$\boldsymbol{T}^{(0)}=\boldsymbol{R}$，则

$$\boldsymbol{T}^{(0)}=\begin{pmatrix}0.5 & 1\\ 0 & 0.5\end{pmatrix}$$

计算$\boldsymbol{T}^{(1)}=\boldsymbol{T}^{(0)}\circ\boldsymbol{R}$：

$$\boldsymbol{T}^{(1)}=\begin{pmatrix}0.5 & 1\\ 0 & 0.5\end{pmatrix}\circ\begin{pmatrix}0.5 & 1\\ 0 & 0.5\end{pmatrix}$$

对于矩阵$\boldsymbol{T}^{(1)}$中的每个元素$(\boldsymbol{T}^{(1)})_{ij}$，计算如下：

$$(\boldsymbol{T}^{(1)})_{11}=\max\{\min\{0.5,0.5\},\min\{1,0\}\}=\max\{0.5,0\}=0.5$$

$$(\boldsymbol{T}^{(1)})_{12}=\max\{\min\{0.5,1\},\min\{1,0.5\}\}=\max\{0.5,0.5\}=0.5$$

$$(\boldsymbol{T}^{(1)})_{21}=\max\{\min\{0,0.5\},\min\{0.5,0\}\}=\max\{0,0\}=0$$

$$(\boldsymbol{T}^{(1)})_{22}=\max\{\min\{0,1\},\min\{0.5,0.5\}\}=\max\{0,0.5\}=0.5$$

所以

$$\boldsymbol{T}^{(1)}=\begin{pmatrix}0.5 & 0.5\\ 0 & 0.5\end{pmatrix}$$

$\boldsymbol{T}^{(1)}$与$\boldsymbol{T}^{(0)}$不相等，这表明需要继续迭代。

计算$\boldsymbol{T}^{(2)}=\boldsymbol{T}^{(1)}\circ\boldsymbol{R}$，如果$\boldsymbol{T}^{(2)}=\boldsymbol{T}^{(1)}$，那么迭代停止；否则继续迭代，直到$\boldsymbol{T}^{(k)}=\boldsymbol{T}^{(k-1)}$。

这个过程展示了模糊矩阵传递闭包的计算。每个元素表示数据点之间的相似度或连通性，传递闭包反映了这些关系的综合。

5.3.2　编网法

编网法是一种基于模糊关系编织网络的模糊聚类算法，其核心思想是构建一个网络（网状结构），其中的节点代表数据点，而边则代表这些数据点之间的模糊关系。

计算步骤如下。

（1）构建初始网络：给定数据点集合和它们之间的模糊关系矩阵$\boldsymbol{R}$，将数据点作为网络的节点。

（2）编织网络：根据模糊关系矩阵$\boldsymbol{R}$中的相似度，将相似度高于特定阈值α的数据点通过边连接起来。这样就形成了一个网络，其中每个连接表示一对数据点之间的强模糊关系。

（3）识别聚类：网络中的连通部分即表示一个聚类。换句话说，如果从一个节点出发，通过网络可以到达另一个节点，那么这两个节点属于同一聚类。

假设有一组数据点及其模糊关系矩阵$\boldsymbol{R}$：

$$\boldsymbol{R}=\begin{pmatrix}1.0 & 0.3 & 0.8\\ 0.3 & 1.0 & 0.4\\ 0.8 & 0.4 & 1.0\end{pmatrix}$$

设阈值$\alpha=0.5$。

（1）构建初始网络：节点是三个数据点。

（2）编织网络：根据$\boldsymbol{R}$，只有当关系值大于α时，才在两个数据点之间画一条线。所以，第1个和第3个数据点之间有一条线，因为它们的关系值为0.8。

（3）识别聚类：从网络结构中可以看出，第1个和第3个数据点因为直接相连，它们属于同一聚类，而第2个数据点由于没有超过阈值的连接，形成一个单独的聚类。

5.3.3 最大生成树法

最大生成树法是一种基于图论的模糊聚类算法。这个方法使用给定数据点之间的模糊相似度来构建一个称为“生成树”的图结构，其中包含所有数据点但没有形成循环。

计算步骤如下。

（1）构建完全图：图中的每个节点代表一个数据点，而每对节点之间的边的权重由它们之间的模糊相似度确定。

（2）生成最大生成树：应用如Prim算法或Kruskal算法来找出这个完

全图的最大生成树。这棵树包含所有节点，且总权重（模糊相似度之和）最大，但不形成循环。

（3）划分聚类：删除一些边来分割这棵树，生成的子树就是不同的聚类。通常，删除的边是权重（模糊相似度）最小的边。

假设有一组数据点及其模糊关系矩阵 $\boldsymbol{R}$：

$$\boldsymbol{R}=\begin{pmatrix}1.0 & 0.3 & 0.7\\0.3 & 1.0 & 0.5\\0.7 & 0.5 & 1.0\end{pmatrix}$$

（1）构建完全图：每个数据点是一个节点，节点间的边的权重由 $\boldsymbol{R}$ 中的相应值确定。

（2）生成最大生成树：使用Prim算法或Kruskal算法。比如，根据 $\boldsymbol{R}$，得到一棵包含边（1,3）和（2,3）的树。

（3）划分聚类：如果设置阈值，比如 0.6，那么删除权重小于 0.6 的边。因此，边（2,3）被删除，生成两个聚类：{1,3} 和 {2}。

5.3.4　模糊 IOSDATA（iterative self-organizing data analysis techniques algorithm）聚类

模糊 ISODATA 是一种迭代自组织数据分析技术，它是模糊 C- 均值算法的一种扩展，用于处理模糊聚类。它允许一个数据点属于多个聚类，并为每个聚类分配一个隶属度。

计算步骤如下。

（1）初始化：选择聚类中心和聚类数量 c。

（2）计算隶属度：对于每个数据点，计算它属于每个聚类的隶属度。隶属度计算通常基于数据点与聚类中心的距离。

（3）更新聚类中心：根据隶属度和数据点，重新计算每个聚类的中心。

（4）迭代：重复步骤（2）和步骤（3），直到满足某个停止准则，如聚类中心变化很小或达到最大迭代次数。

假设有以下数据点：$x_1, x_2, \cdots, x_n$，且选择$c=2$个聚类。

（1）初始化：随机选择两个聚类中心v_1, v_2。

（2）计算隶属度：对于每个数据点x_i，计算隶属度u_{ij}（$j=1,2$），通常使用如下公式：

$$u_{ij}=\frac{1}{\sum_{k=1}^{c}\left(\frac{\| x_i-v_j\|}{\| x_i-v_k\|}\right)^{\frac{2}{m-1}}}$$

其中，m是模糊化参数，通常$m>1$。

（3）更新聚类中心：新的聚类中心v_j（$j=1,2$）通过如下公式计算：

$$v_j=\frac{\sum_{i=1}^{n}u_{ij}^{m}x_i}{\sum_{i=1}^{n}u_{ij}^{m}}$$

（4）迭代：重复步骤（2）和步骤（3），直到聚类中心的变化小于预定阈值或达到预设的迭代次数。

通过这种方式，模糊 ISODATA 能够有效地将数据划分为若干聚类，允许数据点属于多个聚类并具有不同的隶属度。

5.4　模糊聚类分析

5.4.1　模糊聚类分析的步骤

模糊聚类分析是在多元统计分析中用于处理不明确分类边界的一种方法。它通常包括数据标准化、标定（相似性度量）、聚类几个步骤。

1. 数据标准化

（1）数据矩阵：设分类对象集合 $U=\{\boldsymbol{x}_1,\boldsymbol{x}_2,\cdots,\boldsymbol{x}_n\}$，每个对象由 m 个指标描述，它们形成如下原始数据矩阵：

$$\begin{pmatrix} x_{11} & x_{12} & \cdots & x_{1m} \\ x_{21} & x_{22} & \cdots & x_{2m} \\ \vdots & \vdots & \ddots & \vdots \\ x_{n1} & x_{n2} & \cdots & x_{nm} \end{pmatrix}$$

（2）数据标准化：为比较不同量纲的数据，需将数据标准化至[0,1]区间。常用变换方法如下。

①平移－标准差变换：

$$x'_{ik}=\frac{x_{ik}-\overline{x_k}}{s_k}\quad(i=1,2,\cdots,n;k=1,2,\cdots,m)$$

其中，$\overline{x_k}=\frac{1}{n}\sum_{i=1}^{n}x_{ik}$，$s_k=\sqrt{\frac{1}{n}\sum_{i=1}^{n}\left(x_{ik}-\overline{x_k}\right)^2}$。经过此变换后数据均值为 0，标准差为 1。

②平移－极差变换：

$$x''_{ik}=\frac{x'_{ik}-\min\{x'_{ik}\}}{\max\{x'_{ik}\}-\min\{x'_{ik}\}}(k=1,2,\cdots,m)$$

使 $0 \leqslant x''_{ik} \leqslant 1$。

③对数变换：

$$x'_{ik} = \lg x_{ik} (i = 1,2,\cdots,n; k = 1,2,\cdots,m)$$

用于缩小变量间的数量级差异。

2. 标定（建立模糊相似矩阵）

设论域 $U = \{\boldsymbol{x}_1, \boldsymbol{x}_2, \cdots, \boldsymbol{x}_n\}$，其中 $\boldsymbol{x}_i = (x_{i1}, x_{i2}, \cdots, x_{im})$。建立模糊相似矩阵是通过计算 $\boldsymbol{x}_i$ 与 $\boldsymbol{x}_j$ 的相似程度 $r_{ij} = R(\boldsymbol{x}_i, \boldsymbol{x}_j)$ 来完成的。$r_{ij} = R(\boldsymbol{x}_i, \boldsymbol{x}_j)$ 的确定方法多样，大家可以选择以下一种或几种方法。

（1）相似系数法。

①数量积法：

$$r_{ij} = \begin{cases} 1, & i = j \\ \dfrac{1}{M}\sum_{k=1}^{m} x_{ik} \cdot x_{jk}, & i \neq j \end{cases}$$

其中，$M = \max\limits_{i \neq j}\left(\sum_{k=1}^{m} x_{ik} \cdot x_{jk}\right)$。

②夹角余弦法：

$$r_{ij} = \frac{\sum_{k=1}^{m} x_{ik} \cdot x_{jk}}{\sqrt{\sum_{k=1}^{m} x_{ik}^2} \cdot \sqrt{\sum_{k=1}^{m} x_{jk}^2}}$$

③相关系数法：

$$r_{ij} = \frac{\sum_{k=1}^{m} \left|x_{ik} - \overline{x_i}\right| \left|x_{jk} - \overline{x_j}\right|}{\sqrt{\sum_{k=1}^{m} \left(x_{ik} - \overline{x_i}\right)^2} \cdot \sqrt{\sum_{k=1}^{m} \left(x_{jk} - \overline{x_j}\right)^2}}$$

其中，$\overline{x_i}=\frac{1}{m}\sum_{k=1}^{m}x_{ik}$，$\overline{x_j}=\frac{1}{m}\sum_{k=1}^{m}x_{jk}$。

④指数相似系数法：

$$r_{ij}=\frac{1}{m}\sum_{k=1}^{m}\exp\left[-\frac{3}{4}\cdot\frac{(x_{ik}-x_{jk})^2}{s_k^2}\right]$$

其中，$s_k^2=\frac{1}{n}\sum_{i=1}^{n}(x_{ik}-\overline{x_k})^2$，$\overline{x_k}=\frac{1}{n}\sum_{i=1}^{n}x_{ik}$。

⑤最大最小法：

$$r_{ij}=\frac{\sum_{k=1}^{m}(x_{ik}\wedge x_{jk})}{\sum_{k=1}^{m}(x_{ik}\vee x_{jk})}$$

⑥算术平均最小法：

$$r_{ij}=\frac{2\sum_{k=1}^{m}(x_{ik}\wedge x_{jk})}{\sum_{k=1}^{m}(x_{ik}+x_{jk})}$$

⑦几何平均最小法：

$$r_{ij}=\frac{\sum_{k=1}^{m}(x_{ik}\wedge x_{jk})}{\sum_{k=1}^{m}\sqrt{x_{ik}\cdot x_{jk}}}$$

这些方法均是为了计算$\boldsymbol{x}_i$与$\boldsymbol{x}_j$之间的相似程度，根据不同的情况选择合适的方法。

（2）距离法。

①直接距离法：设r_{ij}表示对象$\boldsymbol{x}_i$与$\boldsymbol{x}_j$的相似程度，用距离函数

$d(\boldsymbol{x}_i,\boldsymbol{x}_j)$表示两个对象之间的距离，通过选取参数$c$，确保$r_{ij}$值在[0,1]范围内：

$$r_{ij}=1-cd(\boldsymbol{x}_i,\boldsymbol{x}_j)$$

其中，$d(\boldsymbol{x}_i,\boldsymbol{x}_j)$的常用计算方法如下：

a. 海明距离：

$$d(\boldsymbol{x}_i,\boldsymbol{x}_j)=\sum_{k=1}^{m}|x_{ik}-x_{jk}|$$

b. 欧几里得距离：

$$d(\boldsymbol{x}_i,\boldsymbol{x}_j)=\sqrt{\sum_{k=1}^{m}(x_{ik}-x_{jk})^2}$$

c. 切比雪夫距离：

$$d(\boldsymbol{x}_i,\boldsymbol{x}_j)=\bigvee_{k=1}^{m}|x_{ik}-x_{jk}|$$

②倒数距离法：

在此方法中，当两个对象相同，即$i=j$时，相似程度取最大值1；否则，采用距离的倒数形式来定义相似程度：

$$r_{ij}=\begin{cases}1, & i=j\\ \dfrac{M}{d(\boldsymbol{x}_i,\boldsymbol{x}_j)}, & i\neq j\end{cases}$$

其中，M是选定的参数，以确保$0\leqslant r_{ij}\leqslant 1$。

③指数距离法：

此方法采用指数函数对距离进行转换，以形成相似性度量：

$$r_{ij}=\exp\left[-d(\boldsymbol{x}_i,\boldsymbol{x}_j)\right]$$

（3）主观评分法：此方法涉及邀请一组专家对研究对象间的相似程度进行直接评估。具体步骤如下。

①组建专家组：设立一个由N位专家组成的小组，记为$\{p_1, p_2, \cdots, p_N\}$，其中每位专家$p_k$（$k=1,2,\cdots,N$）负责评估对象$\boldsymbol{x}_i$与$\boldsymbol{x}_j$之间的相似程度。

②评分过程：每位专家p_k在刻度明确的单位线段上进行标记，表示他们对$\boldsymbol{x}_i$与$\boldsymbol{x}_j$相似程度的判断。用$r_{ij}(k)$代表第k位专家p_k对相似程度的评分。

③自信度考虑：每位专家p_k还需要对自己的评分进行自信度评估，记为$a_{ij}(k)$，它表示专家对自己评分的确信程度。

④计算综合相似系数：综合考虑所有专家的评分和自信度，计算出对象$\boldsymbol{x}_i$与$\boldsymbol{x}_j$之间的总体相似系数。总体相似系数r_{ij}的计算公式如下：

$$r_{ij} = \frac{\sum_{k=1}^{N} a_{ij}(k) \cdot r_{ij}(k)}{\sum_{k=1}^{N} a_{ij}(k)}$$

该公式通过加权平均的方式，将每位专家的评分根据其自信度进行加权，从而得到一个更为准确和可靠的相似程度评估。

通过上述步骤，主观评分法能够结合专家的经验和直观感受，对模糊聚类的对象进行分类。这种方法特别适用于那些难以用传统量化指标来判断相似程度的场景，例如艺术作品的风格分类、文本内容的主题聚类等。尽管受主观因素影响较大，但在特定情境下，此方法提供了一种有效的分类策略。

3. 聚类（构建动态聚类图）

（1）布尔矩阵法：假设有一个模糊相似矩阵$\boldsymbol{R}$，定义在论域$U=\{\boldsymbol{x}_1, \boldsymbol{x}_2, \cdots, \boldsymbol{x}_n\}$上。为了在$\lambda$水平上对$U$的元素进行分类，直接从$\boldsymbol{R}$得

到其λ－截矩阵$\boldsymbol{R}_\lambda$，这是一个布尔矩阵。若$\boldsymbol{R}_\lambda$是等价矩阵，则$\boldsymbol{R}$也可以进行分类；若不是，则需要将$\boldsymbol{R}_\lambda$转换成等价布尔矩阵后再进行分类。

如果$\boldsymbol{R}$是相似的布尔矩阵，它具有传递性（当$\boldsymbol{R}$是等价布尔矩阵时）当且仅当在任何排列下的矩阵都不包含特定形式的子矩阵时，如$\begin{pmatrix}1 & 1\\ 1 & 0\end{pmatrix}$等。

布尔矩阵法的操作步骤如下。

①求λ－截矩阵：首先求模糊相似矩阵$\boldsymbol{R}$的λ－截矩阵$\boldsymbol{R}_\lambda$。

②等价性判断与调整。

a. 如果$\boldsymbol{R}_\lambda$是等价的，那么可以直接用$\boldsymbol{R}_\lambda$得到U在λ水平上的分类。

b. 如果$\boldsymbol{R}_\lambda$不是等价的，包含上述特定形式的子矩阵，那么需要将这些子矩阵中的“0”改为“1”，直到不再产生这种特殊子矩阵。经过这样的处理，得到的新矩阵$\boldsymbol{R}_\lambda^*$将是一个等价矩阵，可以用于在λ水平上的分类。

（2）直接聚类法：直接聚类法的核心思想在于不通过求传递闭包或使用布尔矩阵法，而是直接从模糊相似矩阵出发，逐步构建聚类图。直接聚类法的步骤如下。

①确定最大相似类（$\lambda_1=1$）：对于每个元素$\boldsymbol{x}_i$，构造相似类$[\boldsymbol{x}_i]_R$，定义为

$$[\boldsymbol{x}_i]_R=\{\boldsymbol{x}_j \mid r_{ij}=1\}$$

这里$\boldsymbol{x}_i$和$\boldsymbol{x}_j$被视为同一类，如果它们的相似程度r_{ij}等于1。不同的相似类可能有公共元素，如

$$[\boldsymbol{x}_i]_R=\{\boldsymbol{x}_i,\boldsymbol{x}_k\}$$

$$[\boldsymbol{x}_j]_R=\{\boldsymbol{x}_j,\boldsymbol{x}_k\}$$

其中$[\boldsymbol{x}_i]_R$与$[\boldsymbol{x}_j]_R$可能有交集。此时，将具有公共元素的相似类合并，可得到$\lambda_1=1$水平上的等价分类。

②确定次大相似类（λ_2）：从模糊相似矩阵$\boldsymbol{R}$中找出相似程度为λ_2的元素对$(\boldsymbol{x}_i,\boldsymbol{x}_j)$（$r_{ij}=\lambda_2$），将对应于$\lambda_1=1$的等价分类中$\boldsymbol{x}_i$和$\boldsymbol{x}_j$所在的类合并。将所有这样的类合并后，即可得到$\lambda_2$水平上的等价分类。

③确定第三大相似类（λ_3）：类似地，从模糊相似矩阵$\boldsymbol{R}$中找出相似程度为λ_3的元素对$(\boldsymbol{x}_i,\boldsymbol{x}_j)$（$r_{ij}=\lambda_3$），并按照步骤②中类似的方法合并类别，得到$\lambda_3$水平上的等价分类。

④依此类推：继续进行相同的步骤，每次选择下一个最大的相似程度值，直到所有元素合并成一个类或达到预设的分类标准。

这种方法可以在不同的λ水平上逐步构建出一个动态的聚类图，该聚类图可以直观地表示不同元素之间的相似关系以及它们如何随λ值的变化而聚类。

5.4.2　确定最佳阈值的方法

在模糊聚类分析中，不同的λ值会产生不同的分类结果，从而形成动态聚类图。两种确定最佳阈值λ的方法如下。

1. 实际需求与专家意见法

根据实际需求，在动态聚类图中调整λ的值，以达到合适的分类效果。这种方法不需要预先估计样本应分成的类别数量，也可以依靠具有丰富经验的专家（结合专业知识）确定λ，以得出λ水平上的等价分类。

2. F统计量法

假设样本空间$U=\{\boldsymbol{x}_1,\boldsymbol{x}_2,\cdots,\boldsymbol{x}_n\}$（样本总数为$n$），每个样本$\boldsymbol{x}_i$有$m$个特征：$\boldsymbol{x}_i=(x_{i1},x_{i2},\cdots,x_{im})$（$i=1,2,\cdots,n$），这样就得到了原始数据矩阵。

其中，每个特征的均值由$\overline{x_k}=\frac{1}{n}\sum_{i=1}^{n}x_{ik}$（$k=1,2,\cdots,m$）计算得出，$\overline{\boldsymbol{x}}$称为总体样本的中心向量。

在这种方法中，F统计量是根据样本的聚类结果计算出的一个值，用于评估不同λ值下分类的有效性。通常选择使得F统计量最大的λ值作为最佳阈值，因为这意味着分类结果在内部相似性和外部差异性之间达到了最佳平衡。

这两种方法可以有效地确定模糊聚类分析中的最佳阈值λ。实际需求与专家意见法更加灵活和主观，适合于那些专业知识非常重要的情况；而F统计量法则提供了一种更为客观和数据驱动的方法，适用于那些数据特征明显且可以量化的情境。

假设在给定的λ值下，得到了r个分类，每个分类j包含n_j个样本，这些样本分别是$\boldsymbol{x}_1^{(j)},\boldsymbol{x}_2^{(j)},\cdots,\boldsymbol{x}_{n_j}^{(j)}$。对于每个分类$j$，定义其聚类中心向量为$\overline{\boldsymbol{x}}^{(j)}=\left(\overline{x}_1^{(j)},\overline{x}_2^{(j)},\cdots,\overline{x}_m^{(j)}\right)$。其中，$\overline{x}_k^{(j)}$是第$j$类中第$k$个特征的平均值，由下面公式计算得出：

$$\overline{x}_k^{(j)}=\frac{1}{n_j}\sum_{i=1}^{n_j}x_{ik}^{(j)}(k=1,2,\cdots,m)$$

F统计量通过下面公式计算得出：

$$F=\frac{\sum_{j=1}^{r}n_j\left\|\overline{\boldsymbol{x}}^{(j)}-\overline{\boldsymbol{x}}\right\|^2/(r-1)}{\sum_{j=1}^{r}\sum_{i=1}^{n_j}\left\|\boldsymbol{x}_i^{(j)}-\overline{\boldsymbol{x}}^{(j)}\right\|^2/(n-r)}$$

其中，$\left\|\overline{\boldsymbol{x}}^{(j)}-\overline{\boldsymbol{x}}\right\|$是第$j$类的聚类中心向量$\overline{\boldsymbol{x}}^{(j)}$与整体样本中心向量$\overline{\boldsymbol{x}}$之间的欧几里得距离，计算公式为

$$\left\|\bar{\boldsymbol{x}}^{(j)}-\bar{\boldsymbol{x}}\right\|=\sqrt{\sum_{k=1}^{m}\left(\bar{x}_k^{(j)}-\bar{x}_k\right)^2}$$

而$\left\|\boldsymbol{x}_i^{(j)}-\bar{\boldsymbol{x}}^{(j)}\right\|$是第$j$类中第$i$个样本$\boldsymbol{x}_i^{(j)}$与其聚类中心向量$\bar{\boldsymbol{x}}^{(j)}$之间的距离。

F统计量遵循自由度为$r-1,n-r$的F分布。其分子部分表示类与类之间的距离，分母部分表示类内样本间的距离。因此，F值越大，意味着类与类之间的距离越大，即类间差异越显著，从而表明分类效果越好。

假设一组数据代表了 10 名运动员的体能测试结果，目标是根据在两项测试中的表现（例如跑步速度和跳远距离）将他们分为不同的组别。

首先计算F统计量来评估不同λ值下的分类效果。如果得到的F值满足不等式$F>F_\alpha(r-1,n-r)$（$\alpha=0.05$），这表明类间的差异显著，分类是合理的。如果存在多个满足条件的F值，进一步考查差比例式$(F-F_\alpha)/F_\alpha$的大小，选择较大的F值。

在用F统计量确定λ时，选择与建立模糊相似矩阵时相一致的距离度量方法是非常重要的。

例如，设论域$U=\{1,2,\cdots,10\}$代表 10 名运动员，每名运动员由两个指标表示：跑步速度和跳远距离。

若符号v_i和d_i分别代表第i名运动员的跑步速度和跳远距离，则每名运动员的表现可以用一个二元组(v_i,d_i)来表示，其中$i\in U=\{1,2,\cdots,10\}$。在进行分类时，利用跑步速度和跳远距离这两个指标可以定义每对运动员之间的差距。

使用欧几里得距离法，两个运动员i和j之间的差距可以定义为

$$D_{ij}=\sqrt{(v_i-v_j)^2+(d_i-d_j)^2}$$

其中，D_{ij}代表运动员i和j之间的欧几里得距离。

使用夹角余弦法计算相似性，两个运动员i和j之间的差距可以定义为

$$S_{ij} = \frac{v_i v_j + d_i d_j}{\sqrt{v_i^2 + d_i^2} \cdot \sqrt{v_j^2 + d_j^2}}$$

其中，S_{ij}代表运动员i和j之间的夹角余弦相似度。

根据这些距离或相似度，大家可以构建模糊相似矩阵，并据此进行分类。分类后，使用F统计量评估分类效果，具体计算为

$$F = \frac{\text{SSB} / (r-1)}{\text{SSW} / (n-r)}$$

其中，SSB 和 SSW 分别代表类间和类内的平方和，r是类别数，n是样本总数。

当满足不等式$F > F_{\alpha}(r-1, n-r)$时，分类被认为是显著的。

如果采用欧几里得距离法构建模糊相似关系，得到的最佳分类可能是$\{1,3,4\},\{2,5,6,7\},\{8,9,10\}$。而如果使用夹角余弦法，得到的最佳分类可能是$\{1,2,5,6\},\{3,4,7,8\},\{9,10\}$。从体能测试的角度来看，后者的分类可能更符合实际情况，因为它更能反映运动员在两项测试中的综合表现。

第6章　模糊决策分析

6.1　模糊意见集中决策

模糊决策是在不确定或模糊环境下做出决策的过程。传统的决策理论通常基于精确的数据和明确的逻辑，而模糊决策则考虑到信息的不完全性、不确定性和模糊性。

在模糊意见集中决策中，论域U首先被定义，表示所有可供选择的方案。这个集合可以表示为

$$U=\{u_1,u_2,\cdots,u_n\}$$

其中，u_i代表一个具体的选择或方案。

然后，设有一个由m位专家组成的专家组M，每位专家针对论域U中的元素提出自己的排序意见。这些排序意见可以用集合V表示：

$$V=\{v_1,v_2,\cdots,v_m\}$$

其中，v_i是第i位专家的排序意见，表示U中元素的一个特定排序。

对于U中的每个元素u，定义波达（Borda）数$B(u)$来量化每个元素在所有排序意见中的综合位置。波达数是通过以下方式计算得出的。

对于论域U中的每个元素u，$B_i(u)$表示在第i位专家的排序意见v_i中排在u之后的元素个数。计算公式如下：

（1）如果u在v_i中排在第1位，那么$B_i(u)=n-1$。

（2）如果u在v_i中排在第2位，那么$B_i(u)=n-2$。

（3）如果u在v_i中排在第k位，那么$B_i(u)=n-k$。

（4）对于每个u，其波达数$B(u)$为所有专家的排序意见中$B_i(u)$的总和，即

$$B(u)=\sum_{i=1}^{m}B_i(u)$$

通过计算每个方案u的波达数$B(u)$，大家可以将论域U中的所有元素按照波达数的大小进行排序。这种排序是在集中所有专家排序意见之后得到的一个比较合理的方案排序。

6.2 模糊二元对比决策

在认识和评价事物时，人们通常从两个对象的对比开始。这种对比往往是模糊的，例如，评价两个对象的优越程度。模糊二元对比决策旨在量化这种模糊认识，并利用模糊数学方法给出总体排序。

6.2.1 模糊优先关系排序决策

模糊优先关系排序决策的步骤如下。

1. 定义论域和模糊集合

论域$U=\{x_1,x_2,\cdots,x_n\}$代表所有备选方案（对象），在U上确定一个模糊集合A。

2. 建立模糊优先关系

用r_{ij}表示方案x_i和x_j相比较时x_i对于A的优越程度，或称x_i对x_j的优先选择比。

假设存在评价标准或指标集合 $C=\{c_1,c_2,\cdots,c_m\}$，它们用以衡量每个方案在不同方面的表现。

为每个方案 x_i 在各评价标准 c_k 下的表现赋值，记作 a_{ik}，其中 $i=1,2,\cdots,n$ 且 $k=1,2,\cdots,m$。为了确保不同指标之间具有可比性，对 a_{ik} 进行归一化处理，使每个指标值都在相同的量级上。归一化后的值记为 a'_{ik}。对于任意两个方案 x_i 和 x_j，计算它们在每个评价标准 c_k 下的相对优势度，这可以表示为一系列的比较结果 b_{ijk}，其中 b_{ijk} 可能依赖于 a'_{ik} 和 a'_{jk} 之间的差异或其他比较逻辑。

将所有评价标准下的比较结果综合起来，得到方案 x_i 相对于 x_j 的总体优先关系 r_{ij}，这可以通过加权平均、最大化、最小化或其他合成方法来实现，取决于决策问题的具体需求。例如，加权平均可表示为

$$r_{ij}=\sum_{k=1}^{m} w_k \cdot b_{ijk}$$

其中，w_k 是指标 c_k 的权重，满足 $\sum_{k=1}^{m} w_k=1$ 且 $w_k \geqslant 0$。这个过程要确保对于所有 i，$r_{ii}=0$，并且对于所有 i,j，$r_{ij}+r_{ji}=1$。

3. 形成模糊优先关系矩阵

矩阵 $\boldsymbol{R}$ 称为模糊优先关系矩阵，此矩阵决定了模糊优先关系。

给定一个阈值 $\lambda \in [0,1]$，可以构建一个 λ - 截矩阵 $\boldsymbol{R}_\lambda$，其中矩阵的元素定义如下：

$$r_{ij}^{(\lambda)}=\begin{cases}1, & r_{ij} \geqslant \lambda \\ 0, & r_{ij} < \lambda\end{cases}$$

这种构建方式意味着如果原始模糊关系矩阵 $\boldsymbol{R}$ 中的元素 r_{ij} 大于或等于给定的阈值 λ，那么在 λ - 截矩阵中对应的元素将被赋值为 1，否则为 0。

4. 确定优越对象

确定优越对象的过程如下。

（1）首次出现的$\boldsymbol{R}_\lambda$：当λ从 1 逐渐下降时，首次出现的$\boldsymbol{R}_\lambda$中，如果某一行i_1（除对角线元素外）的所有元素都等于 1，那么对象x_{i_1}被认为是第一优越对象。

（2）迭代过程：在原始模糊矩阵$\boldsymbol{R}$中去除第一优越对象x_{i_1}所在的行和列，得到一个新的$n-1$阶模糊矩阵。

（3）重复过程：每次都从剩余对象中找到新的最优对象，并按此顺序排列，直到所有对象都被排序。

在实际问题中，直接给出模糊集合的隶属度往往是困难的。但对于有限论域U中的元素x_i和x_j，相对于某个性质的优劣比较或对某模糊集合的隶属度大小比较则相对容易。例如，比较两所大学相对于“优秀学校”这一模糊概念的隶属度可能很难，但在具体的教学或科研方面进行比较就容易得多。这种通过分解和比较指标来简化思维过程的方法，在有限论域上建立模糊集合的隶属函数时十分有用。

设论域$U=\{x_1,x_2,\cdots,x_n\}$，A是定义在U上的模糊集合。实际上，在已知模糊优先关系矩阵$\boldsymbol{R}$的情况下，对$\boldsymbol{R}$进行适当的数学处理，就可以得出A的隶属函数。几种常用的方法如下。

（1）最小法：

$$A(x_i)=\min_{j\neq i} r_{ij},\ i=1,2,\cdots,n$$

这是A隶属函数的离散表示法。这种方法通过比较x_i与其他元素的相对优势来确定其隶属度。

（2）平均法：

$$A(x_i)=\frac{1}{n}\sum_{j=1}^{n}r_{ij},\ i=1,2,\cdots,n$$

此方法将x_i与所有元素的优先选择比进行平均，以此为隶属度。

（3）加权平均法：

$$A(x_i)=\sum_{j=1}^{n}\delta_j r_{ij},\ i=1,2,\cdots,n$$

其中，δ_j是权重系数，这种方法考虑了每个比较元素的重要性或置信度。

这些方法通过不同的计算方式，将模糊优先关系转化为模糊集合的隶属度，从而实现了对论域U中元素的模糊评价。在实际应用中大家可以根据具体情况和数据特性选择合适的方法。例如，在评价研究项目的优先级时，考虑到专家的不同意见权重，这时采用加权平均法可能更为合适。而在某些情况下，如果所有元素的重要性相同，那么使用简单的平均法可能更加直观。最小法适用于那些强调最弱环节的情况，例如，在风险评估中，一个项目的薄弱环节可能决定了整个项目的风险等级。

6.2.2　模糊相似优先比决策

模糊相似优先比决策用于评估和排序一系列备选方案。这种决策过程首先利用二元相对比较级来定义模糊相似优先比r_{ij}，从而构建出一个模糊优先比矩阵。随后，通过确定特定的λ - 截矩阵，对所有备选方案进行排序。

考虑论域$U=\{x_1,x_2,\cdots,x_n\}$，其中元素x_i和x_j代表一对备选方案。为了在两个方案之间进行比较，引入一对数$f_j(x_i)$和$f_i(x_j)$。这对数满足以下条件：

$$0\leqslant f_j(x_i)\leqslant 1,0\leqslant f_i(x_j)\leqslant 1$$

其中，$f_j(x_i)$表示x_i具有某种特性的程度，而$f_i(x_j)$则表示x_j具有相同特性的程度。$\left(f_j(x_i), f_i(x_j)\right)$称为$x_i$与$x_j$对该特性的二元相对比较级，简称为二元比较级。当$i=j$时，定义$f_i(x_i)=1$，这意味着每个方案相对于自身总是完全符合特定特性的。

根据上述定义，可以构建模糊优先比矩阵$\boldsymbol{R}$。这个矩阵的元素r_{ij}表示x_i与x_j之间的优先比较。矩阵$\boldsymbol{R}$的计算依据是二元比较级，即r_{ij}反映了x_i相对于x_j在某种特性上的优先程度。

确定一个λ阈值（通常在 0 到 1 之间），并基于此阈值构建λ - 截矩阵$\boldsymbol{R}_\lambda$。λ - 截矩阵是通过将模糊优先比矩阵$\boldsymbol{R}$中的每个元素r_{ij}与λ比较并进行二值化处理获得的。若$r_{ij} \geqslant \lambda$，则$r_{ij}^{(\lambda)}=1$；否则$r_{ij}^{(\lambda)}=0$。

分析λ - 截矩阵$\boldsymbol{R}_\lambda$，可以获得不同λ值下备选方案的排序。通过逐步降低λ值，大家可以观察到不同级别的优先排序，从而对备选方案进行全面评估。

二元相对比较矩阵$\boldsymbol{\Phi}$是一种特殊的模糊矩阵，用于表示论域U上的元素之间的二元比较结果。这种矩阵在模糊决策分析中尤其重要，因为它提供了一种量化论域内元素相互关系的方法。下面详细介绍二元相对比较矩阵的定义和应用。

二元相对比较矩阵$\boldsymbol{\Phi}$的定义如下：

$$\boldsymbol{\Phi}=\begin{pmatrix} 1 & f_2(x_1) & f_3(x_1) & \cdots & f_n(x_1) \\ f_1(x_2) & 1 & f_3(x_2) & \cdots & f_n(x_2) \\ f_1(x_3) & f_2(x_3) & \ddots & \ddots & \vdots \\ \vdots & \vdots & \ddots & 1 & f_n(x_{n-1}) \\ f_1(x_n) & f_2(x_n) & \cdots & f_{n-1}(x_n) & 1 \end{pmatrix}$$

其中，$f_j(x_i)$表示元素x_i与x_j之间的二元比较结果，通常是一个介于 0 和 1

之间的数，表示x_i相对于x_j的某种特性或优势的程度。矩阵的对角线元素都是 1，表示每个元素相对于自身的比较。

二元相对比较矩阵$\boldsymbol{\Phi}$在多种决策场景中非常有用。例如，在项目评估、员工绩效评价、市场研究等方面，这种矩阵可以帮助人们识别和量化各个选项之间的相对优势或劣势。通过比较矩阵中的元素，决策者可以更容易地识别哪些方案或个体在特定条件或标准下表现最佳。

构建二元相对比较矩阵通常涉及以下步骤。

（1）确定比较标准：首先确定用于比较的标准或特性，例如效率、成本、质量等。

（2）进行二元比较：对论域中的每对元素进行二元比较，确定它们在所选标准下的相对表现。

（3）填充矩阵：根据二元比较的结果填充矩阵$\boldsymbol{\Phi}$。

完成矩阵构建后，分析矩阵中的值，可以得出有关各元素相对表现的有用信息。例如，若$f_j(x_i)$的值接近 1，则意味着在给定的标准下，x_i明显优于x_j。

模糊相似优先比决策是一种有效的多标准决策工具，适用于多个备选方案需要根据一定标准进行排序的场合。以下是这种决策的详细介绍和步骤。

1. 确定论域

首先设论域$U=\{x_1,x_2,\cdots,x_n\}$，它是所有可能的备选方案集合。这些方案可以是项目、候选人、产品等任何需要做出选择的对象。

2. 构建模糊优先比矩阵

（1）确定模糊相似优先比：模糊相似优先比r_{ij}是度量两个方案之间优先程度的关键指标。它是通过比较两个方案在特定标准或特性上的相对表现来确定的。具体计算方法如下：

$$\begin{cases} r_{ij} = \dfrac{f_j(x_i)}{f_j(x_i) + f_i(x_j)} \\ r_{ji} = \dfrac{f_i(x_j)}{f_j(x_i) + f_i(x_j)} \end{cases}$$

其中，$f_j(x_i)$和$f_i(x_j)$是两个方案在特定标准上的表现。这个公式确保了$r_{ij} + r_{ji} = 1$，表明了比较的相对性。

（2）构建模糊优先比矩阵：根据上述公式，可以构建一个$n \times n$的模糊优先比矩阵$\boldsymbol{R} = \left(r_{ij}\right)_{n \times n}$，它描述了论域中所有方案相互之间的优先程度。

3. 排序备选方案

确定模糊优先比矩阵后，利用以下步骤对所有备选方案进行排序。

（1）应用下确界法：对模糊优先比矩阵$\boldsymbol{R}$的每一行非对角线元素取下确界（最小值），形成一个下确界序列。

（2）确定优越对象：在下确界序列中找到最大值，即可识别出第一优越对象。然后在矩阵$\boldsymbol{R}$中划去第一优越对象所在的行和列。

（3）重复步骤：对缩减后的矩阵重复上述步骤，继续寻找下一个优越对象。不断重复这一过程，最终可以确定所有备选方案的优劣次序。

模糊相似优先比决策通过量化和系统地比较方案之间的优先程度，为人们提供了一种明确和可操作的决策支持工具。这种方法特别适用于那些涉及多个方案和复杂标准的决策情境，如项目选择、投资决策、人员评估等。

6.2.3 模糊相对比较决策

模糊相对比较决策是一种在多个备选方案间做出决策的方法，它通过建立二元比较级和模糊相对比较函数来实现对方案的总体排序。该方法对于处理具有不确定性和模糊性的决策问题尤为有效。

1. 确定论域和二元比较级

设论域$U=\{x_1,x_2,\cdots,x_n\}$，它代表所有备选方案。对于每一对方案x_i和x_j，建立二元比较级$\left(f_j(x_i),f_i(x_j)\right)$，其中$f_j(x_i)$和$f_i(x_j)$反映了$x_i$和$x_j$在某特定标准下的表现。

2. 构建模糊相对比较函数

模糊相对比较函数$f\left(x_i|x_j\right)$定义为

$$f\left(x_i|x_j\right)\overset{\text{def}}{=\!=}\frac{f_j(x_i)}{f_i(x_j)\vee f_j(x_i)}$$

这个函数反映了x_i相对于x_j的优越程度。

（1）函数性质。

①$f\left(x_i|x_j\right)\in[0,1]$：这表明优越程度在 0 到 1 之间变化。

②当$f_j(x_i)>f_i(x_j)$时，$f\left(x_i|x_j\right)=1$：这表明x_i绝对优于x_j。

③当$f_j(x_i)\leqslant f_i(x_j)$时，$f\left(x_i|x_j\right)=\dfrac{f_j(x_i)}{f_i(x_j)}$：这量化了$x_i$优于$x_j$的程度。

④$f\left(x_i|x_i\right)=1$：这表明任何方案与自身比较时优越性相同。

（2）函数应用：应用模糊相对比较函数于所有备选方案对，以构建模糊相对比较矩阵，该矩阵反映了各方案间的相对优越性。

3. 排序备选方案

利用模糊相对比较矩阵，可对所有备选方案进行排序，从而确定最佳选择。排序基于比较函数$f\left(x_i|x_j\right)$的值，可以将所有方案按优越程度从高到低排列。

在需要对一系列备选方案进行评估和排序时，模糊相似矩阵是一种重要的决策工具。以下是详细的解释和步骤，它涵盖了模糊相似矩阵的建立、处理和应用。

（1）建立模糊相似矩阵：设论域$U=\{x_1,x_2,\cdots,x_n\}$，它表示所有备选方案。对于任意两个方案x_i和x_j，定义模糊相对比较函数$f\left(x_i|x_j\right)$。这个函数量化了x_i相对于x_j的优越性。基于这些函数值，构建模糊相似矩阵$\boldsymbol{R}$，其元素$r_{ij}=f\left(x_i|x_j\right)$，即

$$\boldsymbol{R}=\begin{pmatrix} 1 & f(x_1|x_2) & \cdots & f(x_1|x_n) \\ f(x_2|x_1) & 1 & \ddots & \vdots \\ \vdots & \ddots & \ddots & f(x_{n-1}|x_n) \\ f(x_n|x_1) & \cdots & f(x_n|x_{n-1}) & 1 \end{pmatrix}$$

（2）确定优越对象。

①确定第一优越对象：在模糊相似矩阵$\boldsymbol{R}$中，对每一行元素求下确界，得到一个下确界序列。选取下确界序列中最大值所在的行对应的方案x_i作为第一优越对象。

②确定后续优越对象：在矩阵$\boldsymbol{R}$中划去与第一优越对象相对应的行和列，从而得到一个新的$n-1$阶模糊相似矩阵。按照同样的方法，继续确定后续优越对象，直到所有的备选方案都被排列。这个过程将产生一个根据优越程度排序的备选方案列表。

6.3 模糊综合评判决策

6.3.1 经典综合评判决策

在实际工作中，对一个事物的评价（评估），常常涉及多个因素或多个指标，根据这些因素或指标对事物做出综合评价，而不是只从某一因素或指标的情况去评价，就是综合评判。这里，评判的意思是指按照给定的

条件对事物的优劣、好坏进行评比、判别，综合的意思是指评判条件包含多个因素或多个指标。因此，综合评判就是要对受多个因素或多个指标影响的事物做出全面评价[①]。

1. 评总分法

评总分法是一种直接而简洁的综合评判方法。它涉及以下步骤：

（1）确定评价项目：根据评判对象列出所有相关的评价项目。这些项目应涵盖评判对象的所有关键方面。

（2）定级并赋分：对每个评价项目定出不同的等级，并为每个等级分配一个分数。这些分数可以根据项目的重要性或影响程度进行调整。

（3）累计总分：将每个评价项目的得分累计相加，得出总分。公式为

$$S=\sum_{i=1}^{n}S_i$$

其中，S表示总分，S_i表示第i个评价项目的得分，n是项目的总个数。

（4）排列次序：根据总分的高低，对评判对象进行排序。总分越高，表明该评判对象的综合表现越好。

2. 加权评分法

加权评分法的基本思想：不同的评价因素在决策过程中的重要性不同，因此应分配不同的权重。这种方法强调了评价因素的重要性差异，避免了将所有因素平等对待所可能产生的失衡。下面是加权评分法的评判过程。

（1）确定评价因素及其权重：确定影响评判对象的所有因素，为每个因素分配一个权重，以反映其在总评价中的重要性。所有权重之和应等于 1。

① 谢季坚，刘承平 . 模糊数学方法及其应用 [M]. 4 版 . 武汉：华中科技大学出版社，2022：144.

（2）计算加权得分：对每个评价因素进行打分，通常在预先设定的范围内（如 1 到 10）。将每个因素的得分与其权重相乘，得到加权得分。

（3）计算总加权得分：将所有因素的加权得分累加，得到总加权得分。其公式为

$$E=\sum_{i=1}^{n}a_iS_i,$$

其中，E表示总加权得分，a_i是第i个因素的权重，S_i是第i个因素的得分，n是因素总个数。

（4）结果分析：比较不同评判对象的总加权得分，可以确定哪些评判对象在综合考虑所有因素后表现最佳。

如果所有因素的权重相等，即$a_i=\dfrac{1}{n}$，那么加权评分法退化为简单的平均评分法。

加权评分法通过引入权重的概念，强调了不同评价因素的相对重要性。这种方法能够更好地反映各因素在评价过程中的作用和地位，使得评价结果更为全面和客观。

6.3.2　模糊综合评判决策数学模型

模糊综合评判决策通过构建数学模型，将影响事物的多个因素与评判标准综合起来，形成全面的评价体系。

设有因素集合$U=\{u_1,u_2,\cdots,u_n\}$和评判集合$V=\{v_1,v_2,\cdots,v_m\}$，其中因素集合U包含n个影响决策的因素，评判集合V包含m种不同的评判标准。这些集合的元素数量和名称根据实际问题的需要由人们主观规定。

因素集合U中的每个因素根据其在决策过程中的重要性被赋予不同的权重，这些权重构成模糊子集$\underset{\sim}{A}=\left\{a_1,a_2,\cdots,a_n\right\}\in\mathcal{T}(U)$，其中$a_i$

$(i=1,2,\cdots,n)$代表第i个因素的权重，并满足条件$\sum_{i=1}^{n} a_i = 1$。综合评判依赖于各因素的权重，基于评判集合V的模糊子集$\underset{\sim}{B}=\{b_1,b_2,\cdots,b_m\}\in\mathcal{T}(V)$，其中$b_j(j=1,2,\cdots,m)$反映了第$j$种评判$v_j$在综合评判中的地位或隶属度，即$\underset{\sim}{B}(v_j)=b_j$。

综合评判$\underset{\sim}{B}$与因素权重A有关，一旦确定了权重A，就可以得到相应的综合评判$\underset{\sim}{B}$。

在模糊综合评判决策中，要构建从因素集合U到评判集合V的模糊变换$\underset{\sim}{T}$。为此，首先定义每个因素u_i的独立评判$\underset{\sim}{f}(u_i)$，它可以被视作从U到V的模糊映射$\underset{\sim}{f}$。具体地，映射$\underset{\sim}{f}$的定义如下：

$$\underset{\sim}{f}: U \to \mathcal{T}(V)$$

$$u_i \mapsto \underset{\sim}{f}(u_i) \in \mathcal{T}(V)$$

其中，$\underset{\sim}{f}(u_i)$表示因素u_i在评判集合V上的隶属函数，而$\mathcal{T}(V)$指的是集合V上的所有模糊子集构成的集合。

由模糊映射$\underset{\sim}{f}$，可以诱导出一个从U到V的模糊线性变换$\underset{\sim}{T}_f$。该模糊线性变换能够将因素集合U中的权重A转化为对应的综合评判$\underset{\sim}{B}$。在数学模型中，$\underset{\sim}{T}_f$作为一个转换工具，起到了连接因素权重和综合评判的桥梁作用。从具体的因素权重出发，利用$\underset{\sim}{T}_f$的运算得到这些因素在综合评判中的整体表现，从而实现了对不同因素进行全面评价的目的。

模糊综合评判决策的数学模型涵盖了三个核心要素，其处理流程分为如下四个主要步骤。

1. 确定因素集合

因素集合U包含了影响决策的所有因素，表示为$U=\{u_1,u_2,\cdots,u_n\}$。这些因素构成了决策过程的基础。

2. 建立评判集合

评判集合V，也称为评价集合或决断集合，由评判标准或可能的决策结果组成，表示为$V=\left\{v_1,v_2,\cdots,v_m\right\}$。

3. 进行单因素评判

对每个因素u_i进行单独评判，形成如下模糊映射$\underset{\sim}{f}$：

$$\underset{\sim}{f}:U\to\mathcal{T}(V)$$

$$u_i\mapsto\underset{\sim}{f}(u_i)=(r_{i1},r_{i2},\cdots,r_{im})\in\mathcal{T}(V)$$

其中，$\underset{\sim}{f}(u_i)$表示因素u_i对应的评判结果，r_{ij}为因素u_i对评判v_j的隶属度。由此形成的单因素评判矩阵$\boldsymbol{R}$为

$$\boldsymbol{R}=\begin{pmatrix} r_{11} & r_{12} & \cdots & r_{1m} \\ r_{21} & r_{22} & \cdots & r_{2m} \\ \vdots & \vdots & \ddots & \vdots \\ r_{n1} & r_{n2} & \cdots & r_{nm} \end{pmatrix}$$

4. 进行综合评判

对于给定的权重向量$\boldsymbol{A}=(a_1,a_2,\cdots,a_n)$，采用max-min合成运算（模型$M(\wedge,\vee)$）进行计算，得到综合评判向量$\underset{\sim}{\boldsymbol{B}}$。计算公式为

$$\underset{\sim}{\boldsymbol{B}}=\boldsymbol{A}\circ\boldsymbol{R}$$

其中，$\underset{\sim}{\boldsymbol{B}}$是评判集合$V$的一个模糊子集对应的向量，反映了综合评判的结果。

模糊综合评判决策数学模型$(U,V,\boldsymbol{R})$由因素集合U、评判集合V和单因素评判矩阵$\boldsymbol{R}$构成。该模型通过将不同因素的权重向量$\boldsymbol{A}$和单因素评判

矩阵$\boldsymbol{R}$相结合，生成了一个综合性的评判向量$\underset{\sim}{\boldsymbol{B}}$，从而为复杂决策问题提供了一种全面而有效的解决方案。

6.3.3　模糊综合评判决策模型改进①

模糊综合评判决策中广泛使用的max-min合成运算，即模型$M(\wedge,\vee)$，虽然具有良好的代数性质，但在某些情境下显示出明显的不足。特别是在考虑众多因素且要求权重总和$\sum_{i=1}^{n} a_i = 1$的情况下，其局限性尤为突出。这种模型的主要缺陷在于当因素众多时，每个因素分配到的权重a_i通常很小，往往满足条件$a_i \leqslant r_{ij}$。由于$b_j = \bigvee_{i=1}^{n}(a_i \wedge r_{ij})$，这就导致了从$\boldsymbol{R} = (r_{ij})_{n\times m}$中丢失大量信息的问题。

具体来说，对于每个因素u_i所做的评判

$$\underset{\sim}{f}(u_i) = \left(r_{i1}, r_{i2}, \cdots, r_{im}\right)$$

在实际的合成过程中，由于权重a_i的值小，评判结果中的信息并未得到充分利用。这个问题在模型的计算过程中表现为r_{ij}的有效信息只有在a_i比r_{ij}大时才被充分考虑，否则r_{ij}中的信息会被忽视，导致评判结果的分辨力下降。

这种情况下，当多个因素的权重都很小，且各因素的评判结果相近时，最终的综合评判结果往往难以区分，这在实际的决策过程中可能造成不便。因此，虽然模型$M(\wedge,\vee)$在许多情况下都是合适的，但在涉及多个因素且每个因素权重较小的复杂决策问题中，其他更加灵活和敏感的方法可能需要被采用，以确保所有因素评判的信息都能得到合理的利用，从而得出更加精确和可辨识的决策结果。

① 谢季坚，刘承平．模糊数学方法及其应用 [M]. 4 版．武汉：华中科技大学出版社，2022：156.

模糊综合评判决策的数学模型通常采用模型$M(\wedge,\vee)$，即max−min合成运算。为了克服这一模型的局限性，考虑两种改进方法：更换算子（数学模型）和采用多层次模型，以下是对这些方法及其各自的特点的详细描述。

1. 更换算子

（1）模型一$M(\wedge,\vee)$——主因素决定型：

$$b_j=\overset{n}{\underset{i=1}{\vee}}(a_i\wedge r_{ij})$$

在此模型中，综合评判结果b_j由a_i与r_{ij}中的某一个值确定，即采取先取最小后取最大的运算方法。这一模型重视主要因素的影响，而忽视其他因素，可能导致决策结果难以区分。

（2）模型二$M(\cdot,\vee)$——主因素突出型：

$$b_j=\overset{n}{\underset{i=1}{\vee}}(a_i\cdot r_{ij})$$

此模型与模型一类似，但区别在于以$a_i\cdot r_{ij}$替代模型一中的$a_i\wedge r_{ij}$。这里$a_i\cdot r_{ij}$表示加权修正值，强调主要因素，同时忽略次要因素。

（3）模型三$M(\wedge,\oplus)$——有界和型：

$$b_j=\overset{n}{\underset{i=1}{\oplus}}(a_i\wedge r_{ij})=\sum_{i=1}^{n}(a_i\wedge r_{ij})$$

在模型三中，使用有界和$\oplus$运算，其定义为$a\oplus b=\min\{1,a+b\}$。这个模型在权重分配上满足条件$\sum_{i=1}^{n}a_i=1$，因此保证了综合评判的结果不超过1。

（4）模型四$M(\cdot,+)$——加权平均型：

$$b_j=\sum_{i=1}^{n}(a_i\cdot r_{ij})$$

模型四是一个加权平均型，它平衡地考虑了所有因素，适合于多个因素都需要考虑的情况。

当主要因素在决策中起主导作用时，建议使用模型一。如果模型一不能提供满意的结果，考虑使用模型二或模型三。在需要平衡考虑各因素作用时，模型四是一个合适的选择。

2. 采用多层次模型

在处理复杂的多因素决策问题时，经常需要采用多层次模型来进行综合评价。多层次模型特别适用于那些因素众多且权重分配相对均衡的情况。例如，对高等学校的评估就可以采用多层次模型，即将各种因素按照不同的层次进行划分和评价。

将因素集合 $U=\{u_1,u_2,\cdots,u_n\}$ 划分为若干个子集 $U_1,U_2,\cdots,U_k$。这些子集构成第一级因素集合 $U=\{U_1,U_2,\cdots,U_k\}$，且满足以下条件：

$$U_i\cap U_j=\varnothing(i\neq j)$$

其中，子集 U_i 表示一组相关的因素，这些因素可以是学校的不同部门或不同的评估指标组。

对于每个子集 U_i，定义其包含的因素如下：

$$U_i=\left\{u_1^{(i)},u_2^{(i)},\cdots,u_{n_i}^{(i)}\right\}\quad(i=1,2,\cdots,k)$$

其中，n_i 表示第 i 个子集 U_i 中的因素个数。

所有子集的因素总个数应等于原始因素集合 U 中的因素总个数：

$$n_1+n_2+\cdots+n_k=\sum_{i=1}^{k}n_i=n$$

以高等学校评估为例，将学校的各种评估因素分为教学、科研、学生事务、行政管理等几个主要类别。每个类别又可以细分为更具体的评估指标，如教学质量、教师资质、科研成果、学生满意度等。

这种分层次的方法可以更加系统和全面地对高等学校进行评估。它不仅有助于准确反映学校在不同方面的表现，还有助于找出需要改进的具体领域。多层次模型为处理和解决复杂的评估问题提供了一种结构化的方法，使决策过程更加科学和合理。

对于评判集合$V=\{v_1,v_2,\cdots,v_m\}$，针对第二级因素集合

$$U_i=\{u_1^{(i)},u_2^{(i)},\cdots,u_{n_i}^{(i)}\}$$

的n_i个因素进行单因素评判。建立模糊映射$\underset{\sim}{f_i}:U_i\to\mathcal{T}(V)$，实现映射：

$$u_1^{(i)}\mapsto \underset{\sim}{f_i}\left(u_1^{(i)}\right)=\left(r_{11}^{(i)},r_{12}^{(i)},\cdots,r_{1m}^{(i)}\right)$$

$$u_2^{(i)}\mapsto \underset{\sim}{f_i}\left(u_2^{(i)}\right)=\left(r_{21}^{(i)},r_{22}^{(i)},\cdots,r_{2m}^{(i)}\right)$$

$$\vdots$$

$$u_{n_i}^{(i)}\mapsto \underset{\sim}{f_i}\left(u_{n_i}^{(i)}\right)=\left(r_{n_i1}^{(i)},r_{n_i2}^{(i)},\cdots,r_{n_im}^{(i)}\right)$$

由此形成的单因素评判矩阵$\boldsymbol{R}_i$为

$$\boldsymbol{R}_i=\begin{pmatrix} r_{11}^{(i)} & r_{12}^{(i)} & \cdots & r_{1m}^{(i)} \\ r_{21}^{(i)} & r_{22}^{(i)} & \cdots & r_{2m}^{(i)} \\ \vdots & \vdots & \ddots & \vdots \\ r_{n_i1}^{(i)} & r_{n_i2}^{(i)} & \cdots & r_{n_im}^{(i)} \end{pmatrix}$$

为U_i的因素赋予权重$\boldsymbol{A}_i=\left(a_1^{(i)},a_2^{(i)},\cdots,a_{n_i}^{(i)}\right)$，则综合评判向量为

$$\boldsymbol{A}_i\circ\boldsymbol{R}_i=\underset{\sim}{\boldsymbol{B}}_i\,(i=1,2,\cdots,k)$$

接着，对第一级因素集合$U=\{U_1,U_2,\cdots,U_k\}$进行综合评判。设U的权重向量为$\boldsymbol{A}=\left(a_1,a_2,\cdots,a_k\right)$，总评判矩阵$\boldsymbol{R}$为

$$\boldsymbol{R}=\begin{pmatrix} \underset{\sim}{B}_1 \\ \underset{\sim}{B}_2 \\ \vdots \\ \underset{\sim}{B}_k \end{pmatrix}$$

使用算子$(\wedge,\vee)$进行计算，得到的综合评判向量为

$$A \circ R = \underset{\sim}{B} \in \mathcal{T}(V)$$

这种多层次模型可以更有效地处理因素众多且复杂的评判问题，特别适用于教育、企业管理等领域的综合评估。将因素分层次考虑可以更加全面地捕捉和反映评判对象的多方面特征，使得评估结果更加科学和客观。

6.4　权重的确定方法

在模糊综合评判决策中，权重是至关重要的，它反映了各个因素在综合决策过程中所占有的地位或所起的作用，直接影响综合决策的结果。现在权重通常是凭经验给出的。不可否认，这在一定程度上能反映实际情况，评判结果也比较符合实际。但是凭经验给出权重又往往带有主观性，有时不能客观地反映实际情况，评判结果可能“失真”，因此本节专门介绍权重的确定方法①。

6.4.1　确定权重的统计方法

1. 专家估测方法

考虑因素集合 $U=\{u_1,u_2,\cdots,u_n\}$，假设 k 位专家独立给出各因素 $u_i(i=1,2,\cdots,n)$的权重。每个因素的权重可通过计算平均值确定：

$$a_i=\frac{1}{k}\sum_{j=1}^{k}a_{ij}\,(i=1,2,\cdots,n)$$

其中，a_{ij}表示第 j 位专家给出的因素 u_i的权重。

① 谢季坚，刘承平．模糊数学方法及其应用 [M]. 4 版．武汉：华中科技大学出版社，2022：164.

从而得到如下权重向量：

$$\boldsymbol{A}=\left(\frac{1}{k}\sum_{j=1}^{k}a_{1j},\frac{1}{k}\sum_{j=1}^{k}a_{2j},\cdots,\frac{1}{k}\sum_{j=1}^{k}a_{nj}\right)$$

该方法的优点在于其简洁性，能够有效地综合多位专家的意见，提供一个均衡的权重估计。

2. 加权统计方法

当参与评估的专家人数$k<30$时，可以采用加权统计方法来估算权重。此方法涉及为每位专家的评分赋予不同的权重，这些权重可能基于专家的资历、经验或相关领域的专业知识。具体权重的确定需根据实际情况和专家的背景进行调整。加权统计方法考虑到了专家意见的异质性，有助于更加精确地反映各因素的重要性。

这两种方法可以从专家意见中抽取有效信息，形成更为科学合理的权重分配，这对于多因素决策过程至关重要。它们不仅适合于模糊综合评判决策问题，还适用于各种需要考虑多种因素权重的决策问题，如项目管理、资源分配等。

3. 频数统计方法

考虑因素集合$U=\{u_1,u_2,\cdots,u_n\}$，假设由不少于 30 人组成的专家团队或熟悉相关工作的经验丰富的人士进行权重分配。每位参与者根据权重分配调研表独立对集合U中各元素的权重进行评估。

对于集合U中的每个因素$u_i(i=1,2,\cdots,n)$，权重统计步骤如下。

对于每个因素u_i，在其权重$a_{ij}(j=1,2,\cdots,k)$中找出最大值M_i和最小值m_i：

$$M_i=\max_{1\leqslant j\leqslant k}\left\{a_{ij}\right\}$$

$$m_i=\min_{1\leqslant j\leqslant k}\left\{a_{ij}\right\}$$

选择适当的正整数p，用$\frac{M_i - m_i}{p}$计算出组距，并据此将权重从小到大分为p组。

统计每组内权重的频数和频率。

一般情况下，将频率最高组的组中值作为因素u_i的权重$a_i(i=1,2,\cdots,n)$，从而得到如下权重向量：

$$\boldsymbol{A}=\left(a_1,a_2,\cdots,a_n\right)$$

该方法的优势在于其能够反映出专家群体的共识，即最普遍认为重要的因素会被赋予较高的权重。通过统计分析，这种方法能够减少个别评估者偏见的影响，能够提供一个更为客观和全面的权重决定。频数统计方法特别适用于那些涉及大量专家和复杂因素的评估场景，如政策制定、项目评估、资源分配等。

6.4.2　模糊协调决策方法

在模糊综合评判决策中，除了正问题的处理，逆问题还存在，即如何基于已知的综合评判向量和单因素评判矩阵来确定因素权重向量。这种逆向处理方式称为模糊协调决策方法。该方法的核心思想在于从一组备选权重向量方案中挑选出最佳方案，以确保由此选出的权重向量所产生的综合评判决策结果与已知的综合评判决策尽可能接近。

1. 基本概念

（1）因素集合：$U=\left\{u_1,u_2,\cdots,u_n\right\}$。

（2）评判集合：$V=\left\{v_1,v_2,\cdots,v_m\right\}$。

（3）单因素评判矩阵：$\boldsymbol{R}=\left(r_{ij}\right)_{n\times m}$。

（4）已知综合评判向量：$\underset{\sim}{\boldsymbol{B}}\in\mathcal{T}(V)$。

（5）权重向量方案备选集合：$J=\left\{\boldsymbol{A}_1,\boldsymbol{A}_2,\cdots,\boldsymbol{A}_s\right\}$。

2. 逆问题

已知$\underset{\sim}{\boldsymbol{B}}$和$\boldsymbol{R}$，求权重向量$\boldsymbol{A}=(a_1,a_2,\cdots,a_n)\in\mathcal{T}(U)$，即解方程：

$$\boldsymbol{X}\circ\boldsymbol{R}=\underset{\sim}{\boldsymbol{B}}$$

3. 模糊协调决策方法

选择J中的最佳权重向量$\boldsymbol{A}_{i_0}$，使由$\boldsymbol{A}_{i_0}$决定的综合评判向量$\underset{\sim}{\boldsymbol{B}}_{i_0}$与$\underset{\sim}{\boldsymbol{B}}$最为接近。

4. 操作步骤

对J中每一个权重向量$\boldsymbol{A}_i$，计算综合评判向量$\underset{\sim}{\boldsymbol{B}}_i=\boldsymbol{A}_i\circ\boldsymbol{R}$。

根据贴近度和择近原则，确定最佳权重向量。如果存在i_0，使得

$$\sigma\left(\underset{\sim}{\boldsymbol{B}}_{i_0},\underset{\sim}{\boldsymbol{B}}\right)=\max_{1\leqslant j\leqslant s}\{\sigma(\underset{\sim}{\boldsymbol{B}}_j,\underset{\sim}{\boldsymbol{B}})\}$$

则$\boldsymbol{A}_{i_0}$是最佳权重。

5. 贴近度

σ表示两个模糊集合的贴近度，用于评估它们的相似程度。

此法在实际应用中特别有效，尤其是在决策条件复杂或权重向量难以直接确定的情境下。模糊协调决策方法通过比较不同权重向量产生的综合评判决策结果与已知决策的贴近度，有效地逆向推导出最合适的权重向量。

6.4.3 模糊关系方程方法

模糊关系方程方法主要涉及解决形如$\boldsymbol{X}\circ\boldsymbol{R}=\boldsymbol{B}$的模糊关系方程问题，其中，$\boldsymbol{X}$表示未知的模糊矩阵，$\boldsymbol{R}$和$\boldsymbol{B}$分别代表已知的模糊关系矩阵和结果矩阵。在模糊数学中，有限论域的模糊关系与模糊矩阵等价，并常用模糊矩阵来表示模糊关系。

在具体的模糊关系方程中，设论域$U=\{u_1,u_2,\cdots,u_n\}$，$V=\{V_1,V_2,\cdots,V_m\}$

和 $W=\{w_1,w_2,\cdots,w_l\}$，给定模糊矩阵 $\boldsymbol{R}\in\mathcal{M}_{m\times s}$ 和 $\boldsymbol{B}\in\mathcal{M}_{n\times s}$，目标是求满足 $\boldsymbol{X}\circ\boldsymbol{R}=\boldsymbol{B}$ 的未知模糊矩阵 $\boldsymbol{X}$。同样地，已知 $\boldsymbol{R}\in\mathcal{M}_{n\times m}$ 和 $\boldsymbol{B}\in\mathcal{M}_{n\times s}$，求满足 $\boldsymbol{R}\circ\boldsymbol{X}=\boldsymbol{B}$ 的未知模糊矩阵 $\boldsymbol{X}$ 的问题也可能需要被解决。

这里的运算使用扎德算子（$\wedge,\vee$），即最小和最大运算。模糊关系方程的转置形式 $\boldsymbol{X}^{\mathrm{T}}\circ\boldsymbol{R}^{\mathrm{T}}=\boldsymbol{B}^{\mathrm{T}}$ 在求解方面等同于原方程，因此，下面主要讨论的是 $\boldsymbol{R}\circ\boldsymbol{X}=\boldsymbol{B}$ 这一形式的模糊关系方程。

模糊关系方程在权重分配问题中的应用中心在于简化方程形式以便求解。考虑一种典型情况，其中涉及利用求解模糊关系方程来确定权重。这种方程形式可描述为一个行向量与一个矩阵的乘积，等于另一个行向量。具体来说，方程可以表示为

$$(x_1,x_2,\cdots,x_n)\cdot\begin{pmatrix} r_{11} & r_{12} & \cdots & r_{1m} \\ r_{21} & r_{22} & \cdots & r_{2m} \\ \vdots & \vdots & & \vdots \\ r_{n1} & r_{n2} & \cdots & r_{nm} \end{pmatrix}=(b_1,b_2,\cdots,b_m)$$

其中，行向量 $(x_1,x_2,\cdots,x_n)$ 表示需要求解的权重向量，矩阵中的元素 r_{ij} 表示已知的模糊关系，而向量 $(b_1,b_2,\cdots,b_m)$ 代表预设或预期的结果。该方程的目的是找出一组权重 $(x_1,x_2,\cdots,x_n)$，使得当这些权重与已知的模糊关系矩阵相乘时，可以得到预期的结果向量。

模糊关系方程的解是基于扎德算子（$\wedge,\vee$）定义的模糊逻辑概念。考虑模糊关系方程 $\boldsymbol{X}\circ\boldsymbol{R}=\boldsymbol{B}$，其中 $\boldsymbol{X}$ 是待求的解。如果存在这样的 $\boldsymbol{X}$ 使得方程成立，那么这个方程就被认为是相容的。在这种情况下 $\boldsymbol{X}$ 被称为方程的解。特别地，如果存在一个解 $\overline{\boldsymbol{X}}$，使得对于其他任何解 $\boldsymbol{X}$，都有 $\boldsymbol{X}\leqslant\overline{\boldsymbol{X}}$，那么 $\overline{\boldsymbol{X}}$ 被称为最大解。

根据 $\wedge$ 和 $\vee$ 运算的定义，上述方程可转换为一系列形式相似的子方程。每一个子方程的形式为

$$\left(x_1 \wedge r_{1k}\right) \vee\left(x_2 \wedge r_{2k}\right) \vee \cdots \vee\left(x_n \wedge r_{nk}\right)=b_k, k=1,2, \cdots, m$$

在这些方程中，每个方程实质上都是等价的，因此只需要掌握求解如下形式的模糊关系方程的方法：

$$\left(x_1 \wedge a_1\right) \vee\left(x_2 \wedge a_2\right) \vee \cdots \vee\left(x_n \wedge a_n\right)=b$$

这里的关键在于确定方程是否有解，以及如何找到这个解。首先要确定的是方程有解的条件。这可以通过分析方程的结构和模糊逻辑的运算规则来实现。模糊逻辑中的∧（与）和∨（或）运算符分别代表了取最小值和最大值操作，这为求解方程提供了一种方法。这种方程的求解对于确定多因素决策问题中各因素的权重尤为重要，因为它允许在模糊、不确定或多变的环境下做出更加精确和合理的决策。

该方程有解的充分必要条件是至少存在一个i（$1 \leqslant i \leqslant n$），使得$x_i \wedge a_i=b$，且同时满足以下条件：

$$x_1 \wedge a_1 \leqslant b, \cdots, x_i \wedge a_i \leqslant b, \cdots, x_n \wedge a_n \leqslant b$$

充分性和必要性证明如下。

（1）充分性证明：假设至少存在一个x_i满足$x_i \wedge a_i=b$，且其他项均满足$x_k \wedge a_k \leqslant b$（$k \neq i$），那么可以推出

$$\left(x_1 \wedge a_1\right) \vee \cdots \vee\left(x_i \wedge a_i\right) \vee \cdots \vee\left(x_n \wedge a_n\right)=b$$

因此，$(x_1, x_2, \cdots, x_n)$是方程的解。

（2）必要性证明：若方程$\left(x_1 \wedge a_1\right) \vee \cdots \vee\left(x_n \wedge a_n\right)=b$有解$(x_1, x_2, \cdots, x_n)$，则至少有一项等于$b$。设$x_i \wedge a_i=b$，那么其他项必须满足$x_k \wedge a_k \leqslant b$（$k \neq i$），否则会导致矛盾。

该条件确保了至少有一个x_i满足$x_i \wedge a_i=b$，且其他项都不超过b，从而保证了方程的解的存在性。

模糊关系方程的解法是模糊数学中的一个重要组成部分，特别是在处

理决策问题时非常有用。特别地，冢本（Y.Tsukamoto）提出的方法提供了一种简明的解决方案。考虑模糊关系方程：

$$x \wedge a = b$$

此方程的解取决于a和b的相对大小。具体地：

（1）当$a > b$时，方程有唯一解$x = b$；

（2）当$a = b$时，方程有无限多个解，记为$x = [b,1]$，这意味着所有大于或等于b且小于或等于1的x都是解；

（3）当$a < b$时，方程无解，记为$x = \varnothing$。

为了方便表示，引入算符ε，其定义为

$$b\varepsilon a \xlongequal{\text{def}} \begin{cases} b, & a > b \\ [b,1], & a = b \\ \varnothing, & a < b \end{cases}$$

因此，方程$x \wedge a = b$的解可以表示为$x = b\varepsilon a$。

接下来考虑如下模糊线性不等式：

$$x \wedge a \leqslant b$$

此不等式的解集也取决于a和b的大小。

（1）当$a > b$时，$x \leqslant b$，解集为$x \in [0,b]$；

（2）当$a \leqslant b$时，解集为$x \in [0,1]$。

为此，定义另一个算符$\hat{\varepsilon}$，其表示为

$$b\hat{\varepsilon} a \xlongequal{\text{def}} \begin{cases} [0,b], & a > b \\ [0,1], & a \leqslant b \end{cases}$$

因此，不等式$x \wedge a \leqslant b$的解集可以表示为$b\hat{\varepsilon} a$。

涉及的方程和不等式的解和解集可以用两个区间向量来表示。这两个区间向量，分别用$\boldsymbol{Y}$和$\hat{\boldsymbol{Y}}$表示，且分别定义如下：

$$\boldsymbol{Y} = \left(b\varepsilon a_1, b\varepsilon a_2, \cdots, b\varepsilon a_n\right)$$

$$\hat{Y}=\left(b\hat{\varepsilon}a_1,b\hat{\varepsilon}a_2,\cdots,b\hat{\varepsilon}a_n\right)$$

每个解$W^{(i)}$的形式如下：

$$W^{(i)}=\left(b\hat{\varepsilon}a_1,\cdots,b\hat{\varepsilon}a_{i-1},b\hat{\varepsilon}a_i,b\hat{\varepsilon}a_{i+1},\cdots,b\hat{\varepsilon}a_n\right)$$

其中，每个解的条件是$b\varepsilon a_i\neq\varnothing$对于所有$i=1,2,\cdots,n$成立。这表明，对于每个$i$，至少存在一个解使得$b\varepsilon a_i$不为空集。

因此方程的解集可以总结为所有这些解的并集，即

$$X=W^{(1)}\cup W^{(2)}\cup\cdots\cup W^{(n)}$$

模糊关系方程的求解关键在于确定方程$X\circ R=B$的解集。其中，X表示未知的模糊向量，R是已知的模糊关系矩阵，B是已知的模糊向量。具体地，X，R和B分别表示为

$$X=\left(x_1,x_2,\cdots,x_n\right)$$

$$R=(r_{ij})_{n\times m}$$

$$B=\left(b_1,b_2,\cdots,b_m\right)$$

对于每个元素k（k的取值范围为$1,2,\cdots,n$），定义$\overline{x}_k$为

$$\overline{x}_k=\bigwedge_{j=1}^{m}\left\{b_j\mid r_{kj}>b_j\right\}$$

并约定当集合为空集时，$\wedge\varnothing=1$。

这个方程有解的充要条件是

$$\overline{X}\circ R=B$$

其中，$\overline{X}$是最大解向量，表示为

$$\overline{X}=\left(\overline{x}_1,\overline{x}_2,\cdots,\overline{x}_n\right)$$

这表明，要找到模糊关系方程的解，需要对每个元素k执行一个运算，这个运算涉及在r_{kj}大于b_j的情况下，所有b_j的最小值的计算。这

种方式可以为每个x_k确定一个最大值，从而构建出一个最大解向量$\overline{\boldsymbol{X}}$。如果$\overline{\boldsymbol{X}}$与$\boldsymbol{R}$的模糊乘积等于$\boldsymbol{B}$，那么这个最大解向量是方程的解。

求解这一方程的关键在于找到符合条件的$\boldsymbol{X}$。在证明充分性方面，如果$\overline{\boldsymbol{X}} \circ \boldsymbol{R} = \boldsymbol{B}$，那么可以直接得出$\overline{\boldsymbol{X}}$是方程的解。

对于必要性，考虑到方程$\boldsymbol{X} \circ \boldsymbol{R} = \boldsymbol{B}$有解$\boldsymbol{X} = (x_1, x_2, \cdots, x_n)$，意味着对所有$j$，满足

$$\bigvee_{k=1}^{n} (x_k \wedge r_{kj}) = b_j$$

进一步，对每个j,k满足

$$(x_k \wedge r_{kj}) \leqslant b_j$$

因此对于每个k，

$$x_k \in \begin{cases} [0, b_j], & r_{kj} > b_j \\ [0,1], & r_{kj} \leqslant b_j \end{cases}$$

进而

$$x_k \leqslant \bigwedge_{j=1}^{m} \{b_j \mid r_{kj} > b_j\} = \bar{x}_k$$

其中，$\bar{x}_k$是最大值，这保证了$\boldsymbol{X} \leqslant \overline{\boldsymbol{X}}$。因此，$\overline{\boldsymbol{X}} \circ \boldsymbol{R} = \boldsymbol{B}$，且$\overline{\boldsymbol{X}}$是方程的最大解向量。

总结来说，通过分析$\boldsymbol{X} \circ \boldsymbol{R} = \boldsymbol{B}$方程的结构和特性，大家可以确定解的存在性和最大解向量，这为模糊关系方程提供了有效的解决方法。

第7章　模糊优化技术

7.1　模糊线性规划与模糊非线性规划

模糊线性规划和模糊非线性规划的核心在于将模糊数学理论应用于传统的线性和非线性规划模型中，从而使得规划模型能够处理现实世界中常见的模糊性和不确定性因素。在模糊线性规划中，主要处理的是目标函数和约束条件均为线性的情形，但涉及的参数或变量存在模糊性。而在模糊非线性规划中，目标函数或约束条件为非线性的，同时涵盖模糊参数或变量。

7.1.1　模糊线性规划

1. 模糊线性规划的定义

模糊线性规划是一种结合了模糊数学理论和线性规划技术的优化方法，主要用于解决模糊环境下的决策问题。模型的参数和关系是精确定义的。然而，在现实世界中，许多情况下，决策者面临的信息并不总是完全确定的，而是带有一定的模糊性。模糊线性规划的出现，正是为了处理这种不确定性，使得模型更加符合实际情境。

（1）模糊目标函数：模糊目标函数是模糊线性规划的核心，它使得传统线性规划模型能够处理模糊环境下的优化问题。在传统线性规划中，目标函数通常被表达为如下一个清晰定义的线性关系：

$$\max \text{ or } \min Z = c_1x_1 + c_2x_2 + \cdots + c_nx_n$$

其中，$c_i(i=1,2,\cdots,n)$是已知的系数，而x_i是决策变量。在模糊线性规划中，这些系数c_i可能是模糊数，即它们的值不是精确给定的，而是以隶属函数的形式表达的。例如，一个系数可能表示为“大约是 3”，其隶属函数可以用来描述这种模糊性。

隶属函数通常用来量化模糊集合中元素的隶属程度。这些函数用于描述目标函数或约束条件中参数的不确定性。

（2）模糊约束条件：除了模糊目标函数之外，模糊线性规划还引入了模糊约束条件。这些约束条件不同于传统的线性规划中精确定义的约束条件，因为它们含有模糊参数。例如，一个模糊约束条件可能是“资源量应该大约等于 100”或者“成本不应超过 50 单位”。这些模糊约束条件可以用数学公式表达，例如，

$$\tilde{a}_{i1}x_1 + \tilde{a}_{i2}x_2 + \cdots + \tilde{a}_{in}x_n \approx b_i$$

其中，$\tilde{a}_{ij}$是模糊参数，b_i是约束条件的模糊界限。模糊约束条件可以通过隶属函数来量化，这些函数定义了决策变量满足约束条件的程度。

（3）决策变量：决策变量与传统线性规划相似，是需要在一定约束条件下进行优化的变量。不同的是，这些变量的取值不仅要满足模糊约束条件，还可能会受到模糊目标函数的影响。

（4）数学表示：考虑一个含有模糊参数的典型模糊线性规划问题，它可以用数学模型表示。

$$\max \text{ or } \min \tilde{Z} = \tilde{c}_1x_1 + \tilde{c}_2x_2 + \cdots + \tilde{c}_nx_n$$

$$\text{模糊约束条件:} \begin{cases} \tilde{a}_{i1}x_1 + \tilde{a}_{i2}x_2 + \cdots + \tilde{a}_{in}x_n \approx \tilde{b}_i, i=1,2,\cdots,m \\ x_j \geqslant 0, j=1,2,\cdots,n \end{cases}$$

其中，$\tilde{c}_j$，$\tilde{a}_{ij}$和$\tilde{b}_i$是模糊数，它们通过隶属函数来描述自身的模糊性。这

种模型涉及的主要挑战是如何处理和解释这些模糊参数，以及如何找到满足这些模糊约束条件的最优解。

2. 模糊线性规划的性质

（1）非精确性：由于模型参数和关系的模糊性，结果通常是非精确的。这与传统的线性规划不同，后者基于精确的数据和关系产生确定性的解。

例如，考虑模糊线性规划问题：

$$\max \tilde{Z} = \tilde{c}_1 x_1 + \tilde{c}_2 x_2$$

$$\text{模糊约束条件: } \tilde{a}_{11}x_1 + \tilde{a}_{12}x_2 \leqslant \tilde{b}_1$$

其中，$\tilde{c}_i$和$\tilde{a}_{ij}$是模糊数，它们可能由模糊集合$\tilde{A}$的隶属函数$\mu_{\tilde{A}}(x)$表示（x是决策变量）。结果$\tilde{Z}$也是一个模糊数，表示为隶属度的形式。

（2）灵活性：模糊线性规划的灵活性体现在其容纳和处理不确定信息的能力上。它允许决策者考虑各种可能的情况，而不仅限于确定性的数据。

例如，约束条件

$$\tilde{a}_{11}x_1 + \tilde{a}_{12}x_2 \leqslant \tilde{b}_1$$

可以解释为“大约或接近于”，而不是严格的不等式。

（3）模糊解：模糊线性规划的解通常是模糊的，表示为隶属度而非一个确定的数值。这意味着解不再是一个单一的点，而是一个由隶属函数描述的区间。

如果x_1和x_2的最优值不是精确数值，而是一个模糊集合，那么它们的解可以表示为

$$x_1 = \{(v, \mu_{X_1}(v)) \mid v \in V\}$$

$$x_2 = \{(w, \mu_{X_2}(w)) \mid w \in W\}$$

其中，V 和 W 是决策变量 x_1 和 x_2 的取值范围，而 μ_{X_1} 和 μ_{X_2} 是相应的隶属函数。

（4）隶属函数的重要性：隶属函数的选择对解决方案有重要影响。隶属函数定义了模糊集合的界限和形状，从而影响模糊约束条件和目标函数的解释。

如果隶属函数 $\mu_{\tilde{A}}(x)$ 是一个梯形或三角形函数，相比于平滑的贝尔函数，它将以不同的方式描述模糊集合 $\tilde{A}$。

（5）迭代求解：求解模糊线性规划问题通常需要通过迭代方法。这意味着解决方案是通过逐步逼近最优解的过程获得的，而不是一次性计算出来的。大家可以使用逐步放松或紧缩模糊约束条件的方法来逼近最优解，这种方法被称为"模糊算法"。

（6）多目标处理：模糊线性规划可以处理多个目标，尤其是当这些目标本身带有模糊性时。这使得模糊线性规划特别适用于那些目标不是单一的或相互冲突的情况。

如果一个模糊线性规划问题有两个模糊目标 $\tilde{Z}_1$ 和 $\tilde{Z}_2$，它们可以通过模糊集合的理论来同时优化。

3. 模糊线性规划的实现

（1）建模：模糊线性规划的第一步是定义问题的目标函数和模糊约束条件。在这一步骤中，决策变量、模糊参数和目标函数均需要被明确。

考虑一个典型的模糊线性规划问题，其形式可以表示为

$$\max \text{ or } \min Z = \sum_{j=1}^{n} c_j x_j$$

$$\text{模糊约束条件:} \begin{cases} \sum_{j=1}^{n} a_{ij} x_j \leqslant (\geqslant, =) b_i, \ i = 1, 2, \cdots, m \\ x_j \geqslant 0, \ j = 1, 2, \cdots, n \end{cases}$$

其中，c_j，a_{ij}和b_i是模糊数，它们可以用隶属函数来表示。

（2）构建隶属函数：隶属函数定义了模糊集合的边界，从而影响模型的解。例如，隶属函数可以是三角形、梯形或其他类型的，具体取决于模糊参数的性质。一个三角形隶属函数可以表示为

$$\mu_A(x)=\max\left\{\min\left\{\frac{x-a}{b-a},\frac{c-x}{c-b}\right\},0\right\}$$

其中a，b和c定义了三角形的三个顶点。

（3）算法设计：求解模糊线性规划问题通常需要专门设计的算法。这些算法可能是确定性的，也可能是启发式的。

确定性算法，如单纯形法，可以在某些条件下用于求解模糊线性规划问题。

启发式算法，如模拟退火算法和遗传算法，适用于更复杂的情况。

（4）求解与分析：最后一步是求解模型并分析结果。这包括计算目标函数的值，评估解的可行性，并根据隶属度评价解的优越性。

①可行性分析：检查解是否满足所有模糊约束条件。

②优越性评估：根据隶属度评价解的质量。例如，如果一个解的隶属度较高，那么它可能被认为是一个更好的解。

模糊线性规划问题的求解通常涉及一系列的迭代计算，尤其是在使用启发式算法时。最终的解可能是一个模糊集合，而不是一个单一的数值，这反映了问题本身的模糊性质。

7.1.2 模糊非线性规划

1. 定义和特点

模糊非线性规划是一种在目标函数或约束条件中含有模糊参数的非线性规划。模糊数学能够量化并处理不确定性信息，特别是模糊性。传统的

非线性规划以精确数学为基础，其参数和关系都是明确且具体的。相比之下，模糊非线性规划允许某些参数为模糊数，或者目标函数和约束条件为模糊关系。

模糊非线性规划的一个关键特点是其目标函数或约束条件中含有模糊变量。一个模糊非线性规划问题可能具有以下形式：

$$\min f(x,\tilde{a})$$

$$\text{模糊约束条件:}\begin{cases} g_i(x,\tilde{b}_i) \leqslant \tilde{c}_i, i=1,2,\cdots,m \\ x \in X \end{cases}$$

其中，f 和 g_i 是非线性函数，$\tilde{a}$，$\tilde{b}_i$ 和 $\tilde{c}_i$ 是模糊参数，X 是决策变量 x 的可行域。

2. 类型和结构

模糊非线性规划的类型主要取决于模糊性的来源和性质。常见的类型如下。

（1）模糊目标非线性规划：在这类问题中，目标函数是模糊的，表达为模糊集合或模糊关系。

（2）模糊约束非线性规划：在这种情况下，某些或所有约束条件是模糊的，通常表达为模糊不等式或模糊等式。

（3）全模糊非线性规划：当目标函数和所有约束条件都是模糊的时，该规划被称为全模糊非线性规划。

模糊非线性规划的结构取决于模糊参数的特性及其与决策变量的相互作用方式。例如，如果模糊参数以模糊数的形式出现，那么问题的结构将依赖于这些模糊数的数学性质，如其隶属函数的形状和宽度。

为了处理模糊非线性规划问题，人们通常需要将模糊模型转化为等价的非模糊模型。这可以通过多种方法实现，例如，使用模糊数的 α- 切集方法，或者采用某种形式的模糊优化原理，如贝尔曼最优性原理和扎德的最大－最小原理。

3. 求解策略与方法

模糊非线性规划问题的求解通常涉及以下步骤。

（1）模型转换：首先需要将模糊非线性规划模型转换为可以用传统数学方法求解的形式。这通常涉及模糊数的去模糊化，例如，利用 α －切集方法将模糊参数转换为确定性区间：

$$\tilde{a}^{\alpha}=\{x\in\mathbf{R}\mid\mu_{\tilde{a}}(x)\geqslant\alpha\}$$

其中，$\mu_{\tilde{a}}$ 是模糊数 $\tilde{a}$ 的隶属函数，$\alpha\in[0,1]$ 是给定的信任水平。

（2）目标函数和约束条件的调整：将模糊目标函数和约束条件转换为确定性形式，通常需要引入额外的决策变量和辅助目标函数。例如，用扎德的最大－最小原理来处理如下模糊非线性规划问题：

$$\max_{x\in X}\min_{i}\mu_{\tilde{c}_i}(g_i(x))$$

其中，$g_i(x)$ 是约束函数，$\tilde{c}_i$ 是模糊目标函数，$\mu_{\tilde{c}_i}$ 是其隶属函数。

（3）求解算法：利用非线性规划的标准求解方法如梯度下降法、牛顿法或内点法来求解转换后的确定性模型。这些算法需要根据问题的具体性质进行调整，以适应模糊参数的特性。

7.2　模糊多目标优化问题

7.2.1　多目标优化基础

多目标优化是在优化问题中同时考虑多个目标的过程。与单目标优化相比，多目标优化更为复杂，因为它涉及目标之间的权衡和冲突。当这些目标在不确定或模糊的环境中被考虑时，就形成了模糊多目标优化问题。

多目标优化问题是指寻找多个目标函数最优解的问题。在这类问题中，通常不存在单一的解能同时最优化所有目标，而是存在一组解，这组解称为 Pareto 最优解集。每个解在某些目标上优于其他解，但可能在其他目标上较差。模糊多目标优化进一步在目标函数或约束条件中引入模糊性，使得问题的处理更为复杂。

多目标优化问题的主要特点在于目标之间的相互冲突和权衡，这要求决策者在不同目标之间进行选择和妥协。解决多目标优化问题的关键在于找到 Pareto 前沿上的解集合，这些解不能被其他任何解在所有目标上同时优化。

在模糊多目标优化问题中，由于目标函数或约束条件的模糊性，问题变得更加复杂。模糊性可能源自参数的不确定性、目标的不清晰表述或决策者的主观偏好。在这种情况下，解决方案不仅要考虑目标间的权衡，还要考虑如何处理和解释模糊性。

在多目标优化问题中，模糊集合理论通过引入模糊目标的概念帮助处理不同目标之间的冲突。例如，一个目标可能是“最大化利润”，而另一个目标可能是“保持客户满意度在高水平”。这些目标可能是模糊定义的，如“高利润”或“高满意度”，其具体含义可能依赖于特定的业务环境和决策者的主观判断。

决策过程通常需要在不同的目标之间进行权衡。模糊集合理论提供了一种处理不确定性和模糊性的方法，使决策者可以根据模糊目标的隶属函数进行权衡。例如，决策者可以设定一个满意度阈值，只有当解决方案使所有模糊目标的隶属函数高于这个阈值时，才被视为可接受。

得到的解通常是模糊的，这要求决策者对这些模糊解进行适当的解释。模糊解提供了关于如何在不同目标之间进行权衡的重要信息。通过分析模糊解的结构，决策者可以更好地理解在不同目标之间权衡的后果。

7.2.2 模糊多目标优化模型

1. 模糊多目标优化模型的构建

（1）目标函数的模糊化：在多目标优化问题中，目标函数的模糊化是一个关键步骤。这通常涉及将模糊参数或模糊关系纳入目标函数中：

$$\min f_i(x,\tilde{a}_i), i=1,2,\cdots,n$$

其中，f_i是第i个目标函数，x是决策变量，$\tilde{a}_i$表示与目标i相关的模糊参数。

目标函数的模糊化可以通过引入隶属函数来实现。隶属函数$\mu_{f_i}(y)$描述了在目标f_i下，输出y的满意度。因此，模糊目标函数可以表示为

$$\max \mu_{f_i}(f_i(x,\tilde{a}_i)), i=1,2,\cdots,n$$

（2）约束条件的模糊化：约束条件也可以模糊化，以处理不确定性和模糊性。这可以通过引入模糊集合来实现：

$$g_j(x,\tilde{b}_j)\leqslant \tilde{c}_j, j=1,2,\cdots,m$$

其中，g_j是约束函数，$\tilde{b}_j$和$\tilde{c}_j$分别是约束条件中的模糊参数。

模糊约束条件的处理通常涉及隶属函数的应用。对于每个约束条件g_j，可以定义一个隶属函数$\mu_{g_j}(x)$来表示决策变量x满足约束条件g_j的程度。

2. 模糊多目标优化模型的类型

（1）线性模型：在线性模糊多目标优化模型中，目标函数和约束条件都是线性的：

$$\min\sum_{k=1}^{p}a_{ik}x_k,i=1,2,\cdots,n$$

$$\text{模糊约束条件}:\sum_{k=1}^{q}b_{jk}x_k\leqslant c_j,j=1,2,\cdots,m$$

其中，a_{ik}，b_{jk}和c_j可能是模糊数，表示不确定性或决策者的主观评价。

（2）非线性模型：在非线性模糊多目标优化模型中，至少存在一个目标函数或约束条件是非线性的。非线性模型能够处理更复杂的情况，但通常也更难求解。一个非线性模型的例子如下：

$$\min f_i(x,\tilde{a}_i),i=1,2,\cdots,n$$
$$\text{模糊约束条件}:g_j(x,\tilde{b}_j)\leqslant\tilde{c}_j,j=1,2,\cdots,m$$

其中，f_i和g_j可能包含非线性项，如多项式、指数或对数函数。

3. 模糊多目标优化模型的求解策略

（1）权重法：权重法是一种常用的多目标优化模型的求解策略，它通过为每个目标函数分配一个权重，将多目标问题转化为单目标问题。在模糊多目标优化模型的背景下，权重法可以表示为

$$\max\sum_{i=1}^{n}w_i\mu_{f_i}(f_i(x))$$
$$\text{模糊约束条件}:x\in X$$

其中，w_i是第i个目标的权重，μ_{f_i}是目标函数$f_i(x)$的隶属函数，$f_i(x)$是第i个目标函数，X是可行解集合。

权重法的关键在于权重的选择，这通常取决于决策者的偏好。

（2）约束法：约束法是另一种处理多目标优化问题的策略，它通过将一些目标转化为约束条件来简化问题。约束法可以表示为

$$\max\mu_{f_1}(f_1(x))$$
$$\text{模糊约束条件}:\begin{cases}\mu_{f_i}(f_i(x))\geqslant\alpha_i,i=2,\cdots,n\\x\in X\end{cases}$$

其中，α_i是第i个目标的满意度阈值，$f_i(x)$和μ_{f_i}分别是第i个目标函数及其隶属函数。

7.3 模糊约束优化技术

在许多实际问题中由于信息的不完整性或模糊性，约束条件往往不能被精确表述。例如，产品设计、资源分配、调度计划等领域中的约束条件可能受到环境因素、人为判断和数据缺失的影响，无法用传统的确定性数学模型来准确描述。模糊约束优化技术通过引入模糊数学理论，使优化模型能够容纳并处理这些不确定性。

模糊约束优化技术的重要性在于其能够提供一种与现实情况更为贴近的优化方法。与传统的优化技术相比，模糊约束优化技术更能反映现实世界的复杂性和不确定性，从而在处理含糊和不精确信息时更加有效。它在众多领域中的应用证明了其在解决实际问题上的巨大潜力和价值，特别是在那些标准优化方法无法给出可行解的情况下。

研究模糊约束优化技术的目的和动机主要有两个方面：一是提高决策的质量和灵活性。通过模糊约束优化技术，决策者可以在保持约束条件本质和灵活处理信息模糊性的同时，寻求最优或满意的解决方案。二是推动优化技术的发展和创新。模糊约束优化技术不仅丰富了优化理论，还促进了新算法和新方法的开发，这些方法能够更好地适应复杂多变的实际环境，提供更为精确和鲁棒的优化结果。

7.3.1 模糊约束优化基础理论

在优化问题中，约束条件是对决策变量取值范围的限制条件。传统约束条件通常以明确的数学不等式或等式的形式出现，如线性约束条件 $ax+by \leqslant c$，其中，a，b 和 c 是已知的常数，x 和 y 是需要确定的变量。这些约束条件定义了一个明确的可行域，决策变量的取值必须落在这个可行域内。

当问题的参数或者关系不能精确定义时，传统的约束方法就会遇到困难。在现实世界的问题中人们经常会遇到由于缺乏精确信息而产生的不确定性问题。模糊约束的概念正是为了处理这种不确定性而提出的。模糊约束条件不是用精确的数学表达式来定义的，而是利用模糊集合和模糊逻辑来表述约束条件中的不确定性。

模糊约束通常基于模糊集合理论，它涉及隶属函数的概念，该函数用于描述一个元素属于某个模糊集合的程度。隶属函数的值介于 0 到 1 之间，表示从完全不属于（0）到完全属于（1）的程度。对于模糊约束，可以定义如下隶属函数：

$$\mu_g(x): X \to [0,1]$$

其中，X 是决策变量的集合，$\mu_g(x)$ 表示决策变量 x 满足模糊约束 g 的程度。

假设有一个模糊约束条件“工程项目的成本应该是‘低’”，那么成本的模糊集合可以通过以下隶属函数来定义：

$$\mu_{\text{low cost}}(c)=\begin{cases}1, & c \leqslant c_1 \\ \dfrac{c_2-c}{c_2-c_1}, & c_1<c<c_2 \\ 0, & c \geqslant c_2\end{cases}$$

其中，c 是项目的成本，c_1 和 c_2 是定义“低成本”的参数。

与传统的确定性约束条件不同，模糊约束条件允许某种程度上的违背。在传统约束中，解要么满足约束条件，要么不满足；而在模糊约束中，存在一个满足程度的概念，这使得决策过程可以在一定程度上违背约束条件，以达到其他目标的最优化。这种特性使得模糊约束优化技术在处理现实世界问题时更具灵活性和适应性。

模糊约束的分类可以基于不同的特征进行，其中包括静态和动态模糊约束。这两类模糊约束体现了模糊性在时间维度上的不同表现形式。

1. 静态模糊约束

静态模糊约束是指那些在整个决策过程中模糊性不发生变化的约束。它们通常描述了问题的固有模糊性，如术语“大约”“接近”或“大概”所隐含的不精确性。静态模糊约束的隶属函数在决策过程的所有时刻都保持不变。

以工程项目管理为例，静态模糊约束可能是对项目成本的要求，如“项目成本应该保持在合理范围内”。假设合理成本的范围是模糊的，那么可以用隶属函数来定义这一约束条件：

$$\mu_{\text{reasonable cost}}(c)=\begin{cases}1, & c_{\min}\leqslant c\leqslant c_{\max}\\ \dfrac{c-c_{\text{lower}}}{c_{\min}-c_{\text{lower}}}, & c_{\text{lower}}<c<c_{\min}\\ \dfrac{c_{\text{upper}}-c}{c_{\text{upper}}-c_{\max}}, & c_{\max}<c<c_{\text{upper}}\\ 0, & \text{其他}\end{cases}$$

其中，$c_{\min}$和$c_{\max}$定义了成本的理想范围，c_{lower}和c_{upper}定义了可接受的最低和最高成本范围。

2. 动态模糊约束

与静态模糊约束相对的是动态模糊约束，它们的模糊性会随时间或决策阶段的不同而改变。这类约束通常与系统状态或外部环境条件的变化有关。动态模糊约束要求决策者不仅要考虑当前的模糊性，还要预测和适应未来可能的变化。

例如，某企业的市场需求可能随季节而变化，因此对于产量的模糊约束就是动态的。定义如下一个隶属函数来描述产量与市场需求相适应的程度：

$$\mu_{\text{market demand}}(q,t)=\mathrm{e}^{-\left(\frac{q-d(t)}{\sigma(t)}\right)^2}$$

其中，q是产量，$d(t)$是时间t的预期市场需求，$\sigma(t)$是需求的模糊程度，通常由过往数据的波动性决定。

为了处理动态模糊约束优化问题，基于时间序列的预测模型或适应性控制策略可能需要被引入。例如，一个动态模糊约束优化问题可以表述为

$$\max_{x(t)\in X(t)} \mu_{g_i}(x(t),t)$$

$$\text{模糊约束条件：} x(t)\in X(t), i=1,2,\cdots,m, t\in T$$

其中，$x(t)$表示在时间t的决策变量，$X(t)$是在时间t的可行解集合，g_i表示资源消耗率的约束条件函数，T是在整个决策过程中考虑的时间集合。

在实际应用中动态模糊约束优化问题需要考虑时间因素对模糊约束的影响，以及如何在整个时间范围内满足或最大限度地满足这些约束条件。动态模糊约束优化问题的处理通常更为复杂，因为它需要不断地更新信息并做出适应性决策。

7.3.2　模糊逻辑在模糊约束优化问题处理中的应用

模糊逻辑是模糊集合理论的直接延伸，它在处理模糊约束优化问题中的作用和优势在于其对现实世界情况的高度适应性和对人类思维方式的模拟。模糊逻辑原理可以用来定义和操作模糊约束条件，使得优化模型更加符合实际情况。

隶属函数用来定义一个元素属于某个模糊集合的程度，它是模糊逻辑的核心组成部分，一般记为$\mu_A(x)$，表示元素x属于模糊集合A的程度。

模糊逻辑提供了一系列模糊运算，包括模糊与、模糊或和模糊非。这些运算定义了模糊变量之间的关系。

（1）模糊与：$\mu_{A\ \text{AND}\ B}(x)=\min\{\mu_A(x),\mu_B(x)\}$。

（2）模糊或：$\mu_{A\ \text{OR}\ B}(x)=\max\{\mu_A(x),\mu_B(x)\}$。

（3）模糊非：$\mu_{\text{NOT}\ A}(x)=1-\mu_A(x)$。

模糊规则是模糊逻辑中用于推理的基本单位，其通常形式为“如果－那么”规则。例如，“如果x是大的，那么y是高的”，其中“大”和“高”是模糊集合。

模糊逻辑推理机制是基于模糊规则的，它通过模糊推理从已知事实得出结论。模糊推理的核心思想是模糊运算，如模糊蕴含运算。

一个常用的模糊蕴含运算是扎德蕴含，它定义为

$$\mu_{A\to B}(x,y)=\max\{1-\mu_A(x),\mu_B(y)\}$$

在优化问题中模糊约束条件可以通过模糊逻辑原理来定义和处理。例如，考虑一个包含模糊约束条件的优化问题，其目标是最大化某个函数$f(x)$，同时满足一个模糊约束条件“x应当是可接受的”。

首先定义模糊集合“可接受”，其隶属函数可以是

$$\mu_{\text{acceptable}}(x)=\mathrm{e}^{-\left(\frac{x-a}{b}\right)^2}$$

其中，a和b是确定“可接受”这一概念的参数。

其次构建一个模糊规则来描述优化目标函数与模糊约束条件之间的关系：“如果x是可接受的，那么$f(x)$的值是优的”。

使用模糊推理来确定满足模糊约束条件的最大化目标函数$f(x)$的值。这可以通过模糊蕴含运算和隶属函数来实现：

$$\mu_{\text{optimal}}(f(x))=\mu_{\text{acceptable}\to\text{optimal}}(x,f(x))$$

其中，“optimal”是目标函数的一个模糊集合，隶属函数$\mu_{\text{optimal}}(f(x))$描述了$f(x)$的值达到最优的程度。

最后是去模糊化，它将模糊推理的结果转化为一个精确的数值，以便于实际应用。常见的去模糊化方法包括质心法、双边匹配法等。

模糊逻辑在处理模糊约束优化问题中的优势在于它能够提供一种相对直观的方式来处理不精确性，它可以适应人的思维习惯，并允许在约束条件中包含主观判断。通过这种方式模糊逻辑增强了优化模型的灵活性和适应性，使得模型能够在不确定的环境下给出更为合理的解决方案。

7.3.3　模糊约束优化问题建模

1. 识别和定义模糊性

确定模型中的哪些参数或关系是模糊的。

（1）确定模糊变量：识别哪些变量存在不确定性，例如成本、时间、需求量等。

（2）定义隶属函数：为每个模糊变量定义一个隶属函数，表达该变量对应不同值的满意度。例如，成本 c 的隶属函数$\mu_{\text{cost}}(c)$可以是

$$\mu_{\text{cost}}(c) = \mathrm{e}^{-\frac{(c-c_{\text{opt}})^2}{2\sigma^2}}$$

其中，c_{opt}是最优成本，σ衡量成本的可接受波动范围。

2. 构建模糊约束

构建模糊约束需要将隶属函数融入约束条件中。这可能需要重新表述传统约束条件，以便它们可以处理隶属度而不是绝对值。

（1）表述模糊约束条件：模糊约束条件通常形式化为

$$\mu_{\text{constraint}}(x) \geqslant \alpha$$

其中，α是满意度阈值，表示决策变量x在模糊约束条件下的最低接受隶属度。

（2）融合多个模糊约束条件：如果存在多个模糊约束条件，需要使用模糊逻辑运算来合并这些约束条件。例如，如果有两个模糊约束条件$\mu_A(x)$和$\mu_B(x)$，它们可以通过模糊与运算结合：

$$\mu_{A\ \mathrm{AND}\ B}(x)=\min\{\mu_A(x),\mu_B(x)\}$$

3. 优化和求解模型

在构建了模糊约束后，需要选择合适的求解方法来优化模型。

（1）定义目标函数：优化问题通常需要一个目标函数，该函数可能也是模糊的。最大化利润的模糊目标函数可能表示为

$$\max \mu_{\mathrm{profit}}(p(x))$$

其中，$p(x)$是利润函数，μ_{profit}是利润的隶属函数。

（2）求解模糊约束优化问题：使用适当的算法来求解模糊约束优化问题，如模糊线性规划、遗传算法或其他启发式算法。

4. 去模糊化和决策

模型的模糊解需要转化为具体的决策建议。

（1）去模糊化：将模糊解转化为精确的数值。常见的方法包括质心法、最大隶属度法等。

（2）决策制定：基于去模糊化后的结果，制定决策策略。

隶属函数必须准确反映实际情况和决策者的偏好，不同约束条件的合并可能会导致模糊程度的提高或降低，这些方法应当能够有效地反映问题的模糊性质。

7.3.4　解决策略

1. 启发式算法

启发式算法是基于经验或直觉来搜索问题解空间的技术。这些算法不能保证找到全局最优解，但在合理的时间内能找到满意的解。启发式算法的一个关键步骤是定义一个启发式函数，该函数通常取决于问题的特定特征。一个常见的启发式函数是

$$h(x) = k \cdot \mu_{\text{constraint}}(x)$$

其中，k是一个权衡因子，$\mu_{\text{constraint}}(x)$是模糊约束条件的隶属函数。

2. 演算法

演算法是一类通过重复应用确定的运算步骤来求解问题的方法。对于模糊约束优化问题，演算法通常涉及模糊集合和模糊逻辑的运算法则。

在演算法中，一个重要的概念是模糊推理，它可以用来推导满足模糊约束条件的解。模糊推理过程可以表示为

$$R: \text{如果 } x \text{ is } A \text{ 那么 } y \text{ is } B$$

$$\mu_B(y) = \mu_{A \to B}(x, y)$$

其中，A 和 B 是模糊集合，R 是一个模糊规则。

3. 常用算法

（1）模糊线性规划：模糊线性规划是处理模糊约束优化问题的一种方法，它将模糊逻辑原理应用于线性规划模型中。模糊约束条件可以表述为

$$\mu_{\text{constraint}}(\boldsymbol{Ax} + \boldsymbol{b}) \geqslant \alpha$$

其中，$\boldsymbol{A}$是系数矩阵，$\boldsymbol{x}$是决策变量向量，$\boldsymbol{b}$是常数向量，$\mu_{\text{constraint}}$是模糊约束条件的隶属函数，α是满意度阈值。模糊线性规划的目标是最大化目标函数，同时确保所有模糊约束的隶属度都不低于某个阈值。

（2）模糊决策树：模糊决策树是一个基于模糊逻辑的决策支持工具，

它可以用来处理包含模糊信息的决策问题。在模糊决策树中，每个节点代表一个决策或属性，而每个分支代表一个可能的决策结果。模糊决策树的构建涉及选择合适的属性和定义模糊规则来分割数据集。

一个模糊决策树的节点可以表示为

$$N:\text{如果 } x \text{ is } A \text{ 那么 decision is } D$$

其中，A 是一个模糊集合，D 是基于模糊逻辑得出的决策。

4. 模型求解过程

（1）模型设定：为每个模糊约束条件定义隶属函数，并确定模型的目标函数，以及决策变量和它们的取值范围。

（2）模型构建：使用隶属函数和模糊规则来构建模糊约束和目标函数。根据问题的特性选择合适的算法来求解模型。

（3）模型求解与分析：运用选定的算法对模型进行求解，分析求解结果的满意度，并进行必要的调整。

在定义隶属函数时，实际问题中的模糊性是其必须能够反映的，求解算法的复杂度和效率是模型求解过程中需要考虑的，且求解结果的可解释性和实用性对于决策者来说也是必须要考虑的。

第8章　模糊系统建模

8.1　模糊系统建模原理

8.1.1　模糊系统建模的步骤

1. 问题定义

模糊系统建模的第一步是问题定义。这一阶段必须明确建模的目标和需求。例如，假设需要设计一个模糊控制器来调节室内温度，目标是温度保持在一个舒适的范围内。

2. 系统分析

接下来是系统分析，这个阶段涉及对系统的实际观察和理解，以确定系统的输入和输出变量。对于温度控制系统，输入可能是当前温度和目标温度，输出是调节热量的量。

3. 隶属函数的确定

隶属函数是模糊系统的核心，用于将模糊集合的元素映射到 [0,1] 区间的隶属度。例如，对于温度控制系统，定义“冷”“舒适”和“热”为三个模糊集合，对应的隶属函数可以表示为

$$\mu_{\text{cold}}(x) = \max\left\{0, \min\left\{1, \frac{T_{\text{comfort}} - x}{T_{\text{comfort}} - T_{\text{cold}}}\right\}\right\}$$

$$\mu_{\text{comfort}}(x)=\max\left\{0,\min\left\{\frac{x-T_{\text{cold}}}{T_{\text{comfort}}-T_{\text{cold}}},1,\frac{T_{\text{hot}}-x}{T_{\text{hot}}-T_{\text{comfort}}}\right\}\right\}$$

$$\mu_{\text{hot}}(x)=\max\left\{0,\min\left\{1,\frac{x-T_{\text{comfort}}}{T_{\text{hot}}-T_{\text{comfort}}}\right\}\right\}$$

其中，T_{cold}，T_{comfort}和T_{hot}是预定义的温度界限。

4. 规则库的构建

构建规则库需要将模糊逻辑的“如果－那么”规则转化为数学形式。对于温度控制系统，规则可能是这样的：

（1）如果温度是“冷”那么增加热量；

（2）如果温度是“舒适”那么保持不变；

（3）如果温度是“热”那么减少热量。

5. 推理机制

推理机制涉及如何根据输入和规则库进行推理。模糊推理的一种常见方法是麦姆德尼（Mamdani）方法，其数学表述为

$$R_i:\text{如果 } x_1 \text{ is } A_{1i},\cdots,x_n \text{ is } A_{ni} \text{ 那么 } y \text{ is } B_i$$

$$\mu_{B_i}(y)=\min\left\{\mu_{A_{1i}}(x_1),\cdots,\mu_{A_{ni}}(x_n)\right\}$$

6. 去模糊化过程

最后是去模糊化过程，其目的是将模糊推理结果转换为明确的输出值。常用的去模糊化方法之一是质心法，它可以表示为

$$y^*=\frac{\int y\cdot\mu_B(y)\mathrm{d}y}{\int \mu_B(y)\mathrm{d}y}$$

其中，y^*是去模糊化后的输出值，$\mu_B(y)$是输出模糊集合的隶属函数。

8.1.2　模型的结构

模型的结构定义了模糊系统如何处理输入数据并产生输出。模糊系统的基本结构通常包括三个主要层次：输入层、处理层和输出层。

1. 输入层

输入层的主要功能是接收外界的信号，并将其转化为模糊系统可以处理的形式。数学上，如果有输入变量$x_1, x_2, \cdots, x_n$，那么输入层处理可以表示为

$$X = \{x_1, x_2, \cdots, x_n\}$$

2. 处理层

处理层包括隶属函数的应用、模糊规则的建立和推理机制的实施。隶属函数通常用于将输入数据转化为模糊值。例如，对于温度输入x，一个隶属函数$\mu_{\text{warm}}(x)$可以定义为

$$\mu_{\text{warm}}(x) = \frac{1}{1 + \mathrm{e}^{-(x - T_{\text{warm}})}}$$

其中，T_{warm}是温度的一个参考点。

处理层也包含模糊规则，它们是模糊系统行为的核心。一个简单的模糊规则可以写作：

$$R: 如果\ x \text{ is warm } 那么\ y \text{ is high}$$

3. 输出层

输出层负责将处理层的模糊结果转化为具体的输出值。这通常涉及去模糊化过程，将模糊集合转换为一个明确的数值。

主要的模糊系统结构类型包括麦姆德尼模型和高木－关野（Takagi-Sugeno）模型。

1. 麦姆德尼模型

麦姆德尼模型是较早的也是较常见的模糊模型之一，它使用人类的知识和经验来构造规则库。麦姆德尼模型的一个规则可能会这样表示：

$$R_i:\text{如果 } x_1 \text{ is } A_{1i},\cdots,\ x_n \text{ is } A_{ni} \text{ 那么 } y \text{ is } B_i$$

推理过程涉及所有规则的聚合，并应用去模糊化来生成输出。

2. 高木 - 关野模型

高木 - 关野模型则在规则的结论部分使用函数。这种模型的一个规则可能是这样的：

$$R_i:\text{如果 } x_1 \text{ is } A_{1i},\cdots,x_n \text{ is } A_{ni} \text{ 那么 } y=f_i(x_1,\cdots,x_n)$$

其中，f_i是输入的一个数学函数，可能是线性的也可能是非线性的。高木 - 关野模型通常用于系统的数学描述更加精确的情况。

8.2　模糊神经网络

在现代智能系统的研究与开发中，神经网络和模糊逻辑的结合动机源于两种方法在处理信息方面的互补优势：神经网络擅长从数据中学习和识别模式，而模糊逻辑则提供了处理不确定性和模糊性的数学框架。

神经网络的强大之处在于其能够通过训练过程自动地调整内部参数，以适应各种数据模式，这使得其在诸如图像识别、语音处理和预测模型等领域显得十分有效。然而，神经网络通常需要大量的数据来进行训练，并且在解释其决策过程方面并不直观。模糊逻辑以人类的推理方式为基础，允许系统在存在不确定性和模糊性的情况下做出决策。通过利用隶属函数和模糊规则，模糊逻辑能够捕捉专家知识，并提供一种形式化的不确定性处理方式。

模糊神经网络的概念是在 20 世纪 80 年代末期被提出的，当时研究者开始探索如何将模糊理论的概念嵌入神经网络结构中。自那以后，这一领域迅速发展，研究者设计出各种模型，将模糊规则和隶属函数集成到神经网络的学习算法中，这些模型不仅能够继承神经网络的自我学习能力，还能够处理模糊、不精确和不确定的信息。

模糊神经网络的发展历程反映了它们在各种应用场景中的广泛适用性，尤其是在那些传统的确定性模型难以处理的复杂系统中。例如，在自动控制、模式识别和决策支持系统中，模糊神经网络已经显示出其处理不确定性信息的明显优势。这种网络能够通过学习输入与输出之间的模糊关系，提高系统对于变化和噪声的鲁棒性。这不仅增强了模型的适应性，还提高了其在实际应用中的精确度和可靠性。

8.2.1　模糊神经网络的定义

模糊神经网络是一种信息处理系统，它模仿人类的不确定性处理和推理能力，将模糊逻辑原理融入神经网络结构中。模糊神经网络不仅能处理精确的数据，还能处理含糊和不精确的信息。

模糊神经网络与传统神经网络的主要差异在于其节点（神经元）和边（突触权重）的处理方法。在传统神经网络中，节点通常处理精确的数值信息，而在模糊神经网络中，节点处理的是模糊数或隶属度，边则表示模糊逻辑规则或隶属函数的参数。

传统神经网络和模糊神经网络之间的差异可以从以下几个方面进行说明。

1. 节点处理

在传统神经网络中，节点通常执行类似加权求和的线性运算后接非线性激活函数。形式上，如果有输入向量$\boldsymbol{x}$和权重向量$\boldsymbol{w}$，节点的输出值y是

$$y = \phi(\boldsymbol{w}^{\mathrm{T}} \boldsymbol{x} + b)$$

其中，ϕ是激活函数，b是偏置项。而在模糊神经网络中，节点的输出可能是隶属度，反映输入数据对于某个模糊集合的隶属程度：

$$\mu_A(y) = \mathrm{fuzzy\_op}(\boldsymbol{w}, \boldsymbol{x}, b)$$

其中，$\mathrm{fuzzy_op}$是一种模糊操作，可能是模糊逻辑规则的实现。

2. 边的权重

在传统神经网络中，权重是实数值，表示输入对输出的线性影响强度。而在模糊神经网络中，权重可能表示隶属函数的参数或模糊规则的强度，体现的是模糊关系或模糊逻辑的程度。

3. 学习机制

传统神经网络的学习机制通常基于误差反向传播算法，通过调整权重最小化误差。模糊神经网络的学习机制可能包括调整隶属函数的参数或规则库，以使网络的输出更好地满足模糊逻辑。

模糊神经网络的基本工作原理涉及模糊集合的处理、模糊逻辑规则的应用，以及模糊推理的执行。以下是模糊神经网络的基本工作步骤。

（1）输入的模糊化：将网络的精确输入数据转换为模糊值。例如，如果输入是温度，用如下隶属函数来确定其对“高温”的隶属度：

$$\mu_{\mathrm{high}}(T) = \frac{1}{1 + \mathrm{e}^{-(T - T_{\mathrm{high}})/s}}$$

其中，T是温度值，T_{high}是“高温”的中心点，s是斜率参数。

（2）模糊值的处理：应用模糊规则来处理输入的模糊值。例如，一个简单的模糊规则可能是“如果温度是高的，那么风扇速度是快的”。在模糊神经网络中，这个规则会以网络节点和权重的形式实现。

（3）模糊推理：网络的处理层和输出层执行模糊推理，得出模糊输出。这涉及复杂的模糊逻辑运算，如模糊与（最小操作）、模糊或（最大操作）和模糊非（补集操作）。

（4）去模糊化：网络的输出值需要转换成具体的数值，以便进行实际的控制或决策。去模糊化的方法有很多，如质心法。

8.2.2 模糊神经网络的核心组件与结构

1. 输入节点

输入节点负责接收和处理外部输入数据。在模糊神经网络中，这些数据通常是模糊化的。

每个输入节点可以被赋予一个隶属函数，用以将输入的实数转换为模糊值。例如，对于输入x，其对应模糊集合 A 的隶属度可以表示为

$$\mu_A(x)=\frac{1}{1+\mathrm{e}^{-\beta(x-c)}}$$

其中，c是模糊集合的中心，β是控制模糊程度的参数。

2. 隐含层节点

隐含层节点负责对输入数据进行进一步的模糊处理，并实现模糊规则的推理。

每个隐含层节点可以看作一个模糊逻辑运算器，执行如模糊与、模糊或等操作。例如，对于两个输入x和y的模糊与运算，输出可以表示为

$$\mu_{\text{AND}}(x,y)=\min\{\mu_A(x),\mu_B(y)\}$$

其中，μ_A和μ_B分别是x和y对应的隶属函数。

3. 输出节点

输出节点负责汇总隐含层的信息，并产生网络的最终输出。输出通常需要去模糊化，以转换为清晰的实数值。

4. 网络结构

（1）前馈网络结构：在前馈模糊神经网络中，信息单向流动，从输入层到输出层，不会有任何反馈。

这种结构适合于静态模糊系统的建模，如模糊控制器。前馈网络结构可以用数学表达式描述为

$$\boldsymbol{y}=f(\boldsymbol{W}_2\cdot g(\boldsymbol{W}_1\cdot\boldsymbol{x}+\boldsymbol{b}_1)+\boldsymbol{b}_2)$$

其中，$\boldsymbol{W}_1$和$\boldsymbol{W}_2$是权重矩阵，$\boldsymbol{b}_1$和$\boldsymbol{b}_2$是偏置向量，f和g是激活函数，$\boldsymbol{y}$是输出向量，$\boldsymbol{x}$是输入向量。

（2）反馈网络结构：反馈模糊神经网络允许信息在网络中反馈，这使得网络可以处理动态系统。

反馈网络可以处理时间序列数据，适用于诸如模式识别、时间序列预测等任务。其一般结构可以表示为

$$\boldsymbol{y}_t=f(\boldsymbol{W}\cdot\boldsymbol{y}_{t-1}+\boldsymbol{U}\cdot\boldsymbol{x}_t+\boldsymbol{b})$$

其中，$\boldsymbol{W}$和$\boldsymbol{U}$是权重矩阵，$\boldsymbol{b}$是偏置向量，$\boldsymbol{y}_t$是当前时刻的输出向量，$\boldsymbol{y}_{t-1}$是前一时刻的输出向量，$\boldsymbol{x}_t$是当前时刻的输入向量，f是激活函数。

8.2.3 模糊神经网络的构建

1. 网络的初始化

（1）选择网络拓扑结构：根据问题的性质选择合适的网络结构，如前馈网络结构或反馈网络结构。

一个简单的前馈模糊神经网络结构可以表示为

$$\boldsymbol{y}=f(\boldsymbol{W}\cdot\boldsymbol{x}+\boldsymbol{b})$$

其中，$\boldsymbol{x}$是输入向量，$\boldsymbol{y}$是输出向量，$\boldsymbol{W}$是权重矩阵，$\boldsymbol{b}$是偏置向量，f是激活函数。

（2）设置初始参数：初始化网络权重和偏置，通常这些参数在训练开始时随机赋值。参数的初始化方式可能影响网络的学习效果和收敛速度。

2. 隶属函数的设计与优化

（1）设计隶属函数：为每个输入和输出变量设计隶属函数，转换其为模糊值。常见的隶属函数包括高斯函数、三角形函数和梯形函数。

对于一个输入变量x，高斯隶属函数可以表示为

$$\mu(x;c,\sigma)=\mathrm{e}^{-\frac{(x-c)^2}{2\sigma^2}}$$

其中，c是中心点，σ是标准差，控制模糊集合的宽度。

（2）优化隶属函数：利用训练数据调整隶属函数的参数，以提高模型的精度和泛化能力。使用梯度下降法或其他优化算法来调整c和σ的值。

3. 规则层的构建

（1）实现模糊规则的学习：设计网络结构来学习和存储模糊规则。在隐含层中，每个神经元可以表示一个模糊规则。模糊规则的学习通常涉及调整与规则相关的网络参数，如权重和偏置。

（2）应用模糊规则：在网络的前向传播过程中，应用学习到的模糊规则进行推理。模糊规则的应用可以通过模糊逻辑运算实现，如模糊与、模糊或等。

4. 学习算法

（1）反向传播算法：前馈模糊神经网络可以使用反向传播算法进行训练。在反向传播过程中，误差从输出层逐层向后传播，调整权重和偏置可以最小化误差。

（2）模糊版本的学习算法：在处理模糊信息时，大家可以对传统的学习算法进行修改和适配。例如，调整梯度下降法以适应模糊隶属函数的特性。

5. 去模糊化与输出

（1）去模糊化过程：将网络模糊输出转换为清晰的实数值。常用的去模糊化方法包括质心法、最大隶属度法等。

去模糊化过程可以表示为

$$y = \frac{\sum_i \mu_{\text{output}}(z_i) \cdot z_i}{\sum_i \mu_{\text{output}}(z_i)}$$

其中，$\mu_{\text{output}}(z_i)$是输出模糊集合的隶属度，z_i是输出范围内的值。

（2）最终输出的生成：基于去模糊化的结果，生成最终的决策或预测输出。

8.2.4 模糊神经网络的学习机制

1. 误差修正和权重更新

（1）误差反向传播：在模糊神经网络中，学习过程通常涉及误差反向传播，这是一种监督学习方法。

对于给定的输入输出对$(\boldsymbol{x}, \boldsymbol{y})$，网络的预测输出向量为$\hat{\boldsymbol{y}}$。网络的误差可以表示为

$$E = \frac{1}{2}\sum_i (\hat{y}_i - y_i)^2$$

其中，$\hat{y}_i$是预测输出，y_i是实际输出。

（2）权重更新：权重更新是基于误差梯度下降的方法。对于网络中的每个权重w_{ij}，其更新规则可以表示为

$$w_{ij}^{(\text{new})} = w_{ij}^{(\text{old})} - \eta \frac{\partial E}{\partial w_{ij}}$$

其中，η是学习率，$\frac{\partial E}{\partial w_{ij}}$是误差对权重的偏导数。

（3）模糊权重的调整：在模糊神经网络中，权重可能表示模糊规则的强度或隶属函数的参数。因此，权重更新也要考虑模糊逻辑的特性。如果权重代表模糊规则的强度，那么更新时权重的模糊性质需要保证。

2. 学习规则

（1）赫布型（Hebbian）学习：赫布型学习是一种无监督学习规则，基于神经元的激活状态来调整权重。其基本思想：一起激活的神经元应当一起连接。

赫布型学习的权重更新规则为

$$w_{ij}^{(\text{new})} = w_{ij}^{(\text{old})} + \eta x_i y_j$$

其中，x_i是前神经元的输出，y_j是后神经元的激活状态。

（2）δ规则（梯度下降法）：δ规则是一种监督学习方法，用于优化权重以最小化预测误差。

δ规则的权重更新公式为

$$w_{ij}^{(\text{new})} = w_{ij}^{(\text{old})} - \eta(y_j - \hat{y}_j)x_i$$

其中，$(y_j - \hat{y}_j)$是预测误差，x_i是输入。

（3）模糊版本的梯度下降法：在模糊神经网络中，梯度下降法需要考虑模糊逻辑的特点。特别是当处理模糊权重或模糊隶属函数时，梯度下降法的公式需要进行相应调整。

隶属函数的参数c和σ的更新可以使用以下规则：

$$c^{(\text{new})} = c^{(\text{old})} - \eta \frac{\partial E}{\partial c}$$

$$\sigma^{(\text{new})} = \sigma^{(\text{old})} - \eta \frac{\partial E}{\partial \sigma}$$

其中，$\frac{\partial E}{\partial c}$和$\frac{\partial E}{\partial \sigma}$是误差相对于隶属函数参数的偏导数。

8.3 模糊系统的稳定性分析

8.3.1 稳定性的基本概念

一个模糊系统被认为是稳定的，如果对于任意小的扰动或初始条件变化，系统的输出经过一段时间后都能返回到或保持在一个可接受的范围内。数学上，这可以表示为

$$\lim_{t \to \infty} \mu_{\text{stable}}(x(t)) = 1$$

其中，$x(t)$是时间t处的系统状态，μ_{stable}是表示稳定性的隶属函数。

1. 线性系统与非线性模糊系统的稳定性差异

线性系统与非线性模糊系统在稳定性方面有如下显著的差异。

（1）线性系统的稳定性：线性系统的稳定性通常可以通过系统的特征方程和根的位置来确定。对于线性时不变系统，如果所有特征根的实部都小于零，那么系统是稳定的。

（2）非线性模糊系统的稳定性：非线性模糊系统的稳定性分析更为复杂，因为这类系统通常不遵循线性系统的稳定性准则。

模糊系统的稳定性分析需要考虑模糊规则、隶属函数的特性，以及系统动态的非线性特点。

2. 稳定性的分类

（1）李雅普诺夫稳定性：李雅普诺夫稳定性是一种基于李雅普诺夫函数概念的用来判断动态系统稳定性的方法。

对于模糊系统，一个李雅普诺夫函数$V(\boldsymbol{x})$可以定义为

$$V(\boldsymbol{x})>0(\boldsymbol{x}\neq\boldsymbol{0}),V(\boldsymbol{0})=0$$

$$\dot{V}(\boldsymbol{x})<0\ (\ \boldsymbol{x}\neq\boldsymbol{0})$$

其中，$\dot{V}(\boldsymbol{x})$是$V(\boldsymbol{x})$的时间导数。如果存在这样的$V(\boldsymbol{x})$，那么系统被认为是李雅普诺夫稳定的。

（2）渐进稳定性：渐进稳定性是指系统状态不仅保持有界，还随时间推移趋于某个平衡点或稳定状态。

对于模糊系统，渐进稳定性可以通过证明存在一个导数小于零，且当$\boldsymbol{x}(t)$趋于无穷时$V(\boldsymbol{x})$趋于零的李雅普诺夫函数来证明。

8.3.2　模糊模型的稳定性条件

1. 高木 – 关野模型的稳定性条件

高木 – 关野模型是一种常用的模糊模型，它通过线性系统模型的加权求和来逼近非线性系统。高木 – 关野模型的一般形式可以表示为一系列局部线性模型的加权平均：

$$\boldsymbol{x}(t+1)=\sum_{i=1}^{n}\left[w_i(\boldsymbol{x}(t))\boldsymbol{A}_i\boldsymbol{x}(t)+w_i(\boldsymbol{x}(t))\boldsymbol{b}_i\right]$$

其中，$\boldsymbol{x}(t)$是系统状态，$\boldsymbol{A}_i$和$\boldsymbol{b}_i$是第i个局部模型的系统矩阵和偏置向量，$w_i(\boldsymbol{x}(t))$是权重函数，通常是隶属函数。

2. 稳定性条件的数学表述

稳定性条件要求系统的所有状态都不会随时间发散。对于高木 – 关野模型，其稳定性可以通过李雅普诺夫方法来分析。基本思路是找到一个李雅普诺夫函数$V(\boldsymbol{x})$，使得对于所有$\boldsymbol{x}\neq\boldsymbol{0}$，都有$\Delta V(\boldsymbol{x})<0$，其中$\Delta V(\boldsymbol{x})$是$V(\boldsymbol{x})$沿系统轨迹的变化率。

具体来说，对于高木 – 关野模型，大家可以选择一个二次型李雅普诺夫函数：

$$V(\boldsymbol{x})=\boldsymbol{x}^{\mathrm{T}}\boldsymbol{P}\boldsymbol{x}$$

其中，$\boldsymbol{P}$是一个正定矩阵。稳定性的充分必要条件是对于所有i，都存在一个正定矩阵$\boldsymbol{P}$，使得下列不等式成立：

$$(\boldsymbol{A}_i^{\mathrm{T}}\boldsymbol{P}\boldsymbol{A}_i-\boldsymbol{P})<0$$

这个不等式确保了在每个局部模型下，$V(\boldsymbol{x})$沿系统轨迹是递减的。

假设有一个简单的高木－关野模型，它包含以下两个局部线性模型：

$$\boldsymbol{A}_1=\begin{pmatrix}0.8 & 0\\ 0 & 0.9\end{pmatrix},\boldsymbol{A}_2=\begin{pmatrix}0.5 & 0\\ 0 & 0.4\end{pmatrix}$$

$$w_1(\boldsymbol{x})=\frac{1}{1+\mathrm{e}^{-x_1}},w_2(\boldsymbol{x})=1-w_1(\boldsymbol{x})$$

需要找到一个正定矩阵$\boldsymbol{P}$，使得对于$\boldsymbol{A}_1$和$\boldsymbol{A}_2$，不等式$(\boldsymbol{A}_i^{\mathrm{T}}\boldsymbol{P}\boldsymbol{A}_i-\boldsymbol{P})<0$都成立。

求解这个不等式组可以确定$\boldsymbol{P}$的取值，从而验证系统的稳定性。如果找到这样的$\boldsymbol{P}$，那么系统被认为在给定的模型下是稳定的。

8.3.3 稳定性分析的方法

不同的分析方法适用于不同类型的系统和问题，以下是几种常用的稳定性分析方法（包括线性矩阵不等式（linear matrix inequality, LMI）方法、李雅普诺夫函数方法以及分析与模拟相结合的方法），以及它们的优缺点和适用范围。

1. LMI 方法

（1）方法描述：LMI 方法是一种强大的数学工具，用于解决一系列优化和控制问题，包括稳定性分析。

LMI 方法涉及寻找满足一定不等式约束条件的矩阵。对于稳定性分析，这些不等式通常与系统的状态矩阵和李雅普诺夫函数有关。

（2）稳定性条件：稳定性分析可以归结为寻找一个正定矩阵$\boldsymbol{P}$，使得下列 LMI 成立

$$\boldsymbol{A}^{\mathrm{T}}\boldsymbol{P}+\boldsymbol{P}\boldsymbol{A}<0$$

其中，$\boldsymbol{A}$是系统的状态矩阵。

（3）优缺点。

①优点：LMI 方法提供了一种系统且强大的框架来处理稳定性问题，尤其是对于复杂或不确定系统。

②缺点：求解 LMI 问题可能需要复杂的数学工具和算法，非专家可能难以掌握。

2. 李雅普诺夫函数方法

（1）方法描述：李雅普诺夫函数方法是一种经典的稳定性分析方法。该方法通过构造一个李雅普诺夫函数来证明系统的稳定性。

（2）稳定性条件：构造一个李雅普诺夫函数$V(\boldsymbol{x})$，满足如下条件

$$V(\boldsymbol{x})>0(\boldsymbol{x}\neq\boldsymbol{0}),V(\boldsymbol{0})=0$$

$$\dot{V}(\boldsymbol{x})<0\,(\boldsymbol{x}\neq\boldsymbol{0})$$

其中，$\dot{V}(\boldsymbol{x})$是$V(\boldsymbol{x})$关于时间的导数。

（3）优缺点。

①优点：李雅普诺夫函数方法直观且灵活，适用于广泛的系统类型。

②缺点：构造合适的李雅普诺夫函数可能具有挑战性，尤其是对于非线性或复杂系统。

3. 分析与模拟相结合的方法

（1）方法描述：分析与模拟相结合的方法是结合理论分析和数值模拟的方法。该方法首先通过理论分析得到稳定性的必要条件，然后通过数值模拟来验证这些条件。

（2）实施步骤。

①利用 LMI 方法或李雅普诺夫函数方法来确定稳定性的理论条件。

②使用数值模拟，如 MonteCarlo 仿真，来检验理论分析的正确性。

（3）优缺点。

①优点：分析与模拟相结合的方法结合了理论和实践的优势，能够提供更全面的稳定性评估。

②缺点：时间成本可能较高，且它对数值模拟的准确性有依赖。

8.3.4 模糊控制器设计与稳定性

1. 模糊控制器设计中的稳定性考虑

（1）稳定性的重要性：在控制系统中，稳定性是保证系统可靠性和安全性的关键。一个不稳定的控制器可能导致系统性能下降，甚至引起系统的失效。

对于模糊控制器，稳定性的考虑尤为重要，因为模糊规则和隶属函数的不确定性可能增加系统的复杂性和不可预测性。

（2）稳定性的定义：在模糊控制器的设计中，稳定性通常指控制系统在面对扰动或初始条件变化时，能够维持或恢复到一个期望的操作状态。

（3）稳定性分析的必要性：在设计阶段进行稳定性分析是必要的，以确保控制策略在各种操作条件下都是有效和安全的。

2. 设计具有稳定性保证的模糊控制器的策略

（1）李雅普诺夫方法：利用李雅普诺夫方法来确保模糊控制器的稳定性。设计一个李雅普诺夫函数 $V(\boldsymbol{x})$，确保其在系统轨迹上是单调递减的。

（2）模糊规则的优化：优化模糊规则，确保它们不会导致系统不稳定。这可能涉及调整规则的权重或改变规则的结构。

（3）参数调整：调整模糊控制器参数，如隶属函数的形状和宽度，以提高系统的稳定性。

（4）稳定性验证：利用理论分析和数值模拟验证模糊控制器的稳定性。在实际应用中，进行充分的测试可以确保在各种操作条件下的稳定性。

3. 实例解析

假设需要设计一个模糊控制器来管理一个温度控制系统。

（1）模糊控制器的结构：设计一个基于高木－关野模型的模糊控制器。假设系统的动态可以用以下线性方程近似：

$$\boldsymbol{x}(t+1)=\boldsymbol{A}\boldsymbol{x}(t)+\boldsymbol{B}\boldsymbol{u}(t)$$

其中，$\boldsymbol{x}(t)$是温度状态，$\boldsymbol{u}(t)$是控制输入，$\boldsymbol{A}$和$\boldsymbol{B}$是系统参数。

（2）李雅普诺夫函数的选择：选择一个简单的二次型李雅普诺夫函数

$$V(\boldsymbol{x})=\boldsymbol{x}^{\mathrm{T}}\boldsymbol{P}\boldsymbol{x}$$

其中，$\boldsymbol{P}$是一个待确定的正定矩阵。

（3）模糊规则的设计：设计模糊规则来确定控制输入$\boldsymbol{u}(t)$。例如，一个简单的规则可能是“如果温度太高，那么减少加热”。

（4）稳定性验证：验证模糊控制器的稳定性，以确保对于所有模糊规则和任意初始状态，李雅普诺夫函数$V(\boldsymbol{x})$沿系统轨迹都是递减的。

（5）参数调整与测试：调整隶属函数的参数和模糊规则的权重，以优化模糊控制器的性能。进行广泛的模拟测试可以验证其在不同条件下的稳定性。

8.4 模型的验证与评估

8.4.1 模型验证与评估的概述

1. 模型验证与评估的基本概念

（1）模型验证：模型验证是指确认模型是否正确地表示了它所设计的现实世界问题。换句话说，它回答的问题是“是否构建了正确的模型？”。

数学上，模型验证可以通过比较模型预测结果和实际观测数据来实现。如果模型能够在一定的误差范围内准确预测实际数据，那么模型被认为通过了验证。

（2）模型评估：模型评估涉及评价模型的性能，包括其准确性、可靠性和适用性。这是一个更全面的过程，不仅涉及模型的预测准确性，还包括其对新数据的泛化能力、运行效率等。

评估可以通过多种指标来进行，如准确率、召回率、均方误差（mean square error, MSE）等。例如，MSE 可用来衡量模型预测值和实际值之间的差异：

$$\mathrm{MSE}=\frac{1}{n}\sum_{i=1}^{n}(\hat{y}_i-y_i)^2$$

其中，n是样本数量，$\hat{y}_i$是模型预测值，y_i是实际值。

2. 模型验证与评估的目标和标准

（1）目标：确保模型正确地表示了待解决的问题，确定模型在各种条件下的表现，以评估其适用范围和局限性。

（2）标准。

①准确性：模型预测结果与实际数据的一致程度。

②鲁棒性：模型在面对数据变化或噪声时的稳定性。

③可解释性：模型的结果是否容易被理解和解释。

④适用性：模型是否适用于预定的应用场景。

3. 验证与评估过程中的常见问题

（1）过拟合与欠拟合：过拟合指模型在训练数据上表现良好，但在新数据上泛化能力差。欠拟合则是指模型对训练数据和新数据都无法做出准确预测。这两种情况都会影响模型的有效性和可靠性。

（2）数据的质量和代表性：数据的质量和代表性直接影响模型验证和评估的准确性。缺乏代表性或存在噪声的数据可能导致误导性的结论。

（3）模型的复杂性：模型过于复杂可能导致计算成本高昂和难以解释的结果。选择适当的模型复杂度是确保模型既有效又高效的关键。

8.4.2 模型验证方法论

1. 理论验证与经验验证的区别和联系

（1）理论验证：理论验证侧重于通过数学和逻辑分析来证明模型的正确性。这通常涉及使用公式和算法来检验模型对给定输入的响应是否符合预期的理论行为。

（2）经验验证：经验验证则基于实际数据测试模型的性能。它通常涉及收集试验或观测数据，然后比较模型的预测结果与实际数据。

（3）区别和联系：理论验证更多关注模型结构的正确性和逻辑一致性，而经验验证关注模型在实际应用中的表现。二者是互补的，理论验证可以提供模型设计的初步保证，经验验证则验证模型在实际应用中的可靠性。

2. 模糊系统模型的理论验证方法

（1）一致性检查：确保模型逻辑上的一致性，即模型的不同部分（如规则、隶属函数）之间不应存在矛盾。比如，对于模糊规则，大家可以检查是否有任何规则与其他规则直接冲突。

（2）稳定性分析：对模糊控制系统进行稳定性分析，以确保在所有预期的操作条件下系统都是稳定的。例如，使用李雅普诺夫函数方法分析系统的稳定性。

（3）理论性能评估：对模型的理论性能进行评估，如响应时间、精度和鲁棒性。例如，分析模型对输入噪声的敏感度，评估其在不同噪声水平下的输出变化。

3. 实例演示：如何进行理论验证

假设设计了一个模糊温度控制系统，该系统包含一系列基于温度的模糊规则。

（1）一致性检查：检查所有模糊规则是否一致。例如，确保没有两个规则对同一温度区间给出相互矛盾的控制输出。

（2）稳定性分析：假设控制系统的动态可以用线性方程近似表示，因此构造一个李雅普诺夫函数来分析系统的稳定性。

（3）理论性能评估：评估系统对不同温度输入的响应时间和精度。利用理论分析预测在极端温度条件下系统的表现。

8.4.3 模型评估的指标和方法

1. 模型评估的常用指标

（1）准确度：准确度是评估模型预测结果与实际数据一致程度的基本指标。对于分类问题，准确度可以定义为正确分类的比例：

$$准确度=\frac{正确预测的数量}{预测总数量}$$

（2）鲁棒性：鲁棒性描述模型在面对输入数据变化或噪声时的稳定性。鲁棒性强的模型能够在不同的输入条件下保持性能。

（3）响应时间：对于控制系统，响应时间是衡量模型反应速度的关键指标，它表示系统从输入变化到达到稳定输出所需的时间。

（4）泛化能力：泛化能力是指模型对未见数据的处理能力。高泛化能力意味着模型能够在新的、未知的数据上表现良好。

2. 模型评估的定量和定性方法

（1）定量方法：定量评估涉及数值指标，可以客观地衡量模型性能。常见的定量评估指标如下。

①精确率和召回率：特别适用于分类问题。

②均方误差：适用于回归问题。

（2）定性方法：定性评估侧重于非数值指标，如模型的可解释性、用户满意度等。定性评估通常通过专家意见、用户反馈或案例研究来进行。

3. 模型评估结果的解读及意义和应用

（1）评估结果的解读：对评估结果的解读应考虑到评估环境和数据的特点。例如，高准确度在数据不平衡的情况下可能具有误导性。解读评估结果时，定量和定性指标需要同时考虑，以获得全面的理解。

（2）意义和应用：评估结果不仅反映了模型的当前状态，还为模型的改进提供了指导。通过分析评估结果，大家可以识别模型的弱点，优化模型设计，选择更合适的模型参数或结构。

8.4.4　模型优化

1. 遗传算法

遗传算法是一种基于自然选择和遗传学原理的优化算法，适合于复杂的优化问题。在模型改进中，遗传算法可以用来优化隶属函数的参数或模型结构。

（1）遗传算法的基础概念。

①染色体。染色体是遗传算法中潜在解决方案的编码表示，通常采用字符串、数组或其他数据结构形式，模拟自然界中生物的染色体。每个染色体包含多个基因，每个基因控制解决方案的一个特征或属性。例如，在解决旅行商问题中，染色体可能表示访问城市的顺序，其中每个位置（基因）代表一个特定的城市。

②基因。基因是染色体上的单个数据点，代表解决方案特征的一个具体值。基因可以采用不同的数据类型，如二进制数、整数、实数等，这取决于问题的性质和编码方案。在旅行商问题中，一个基因可能是一个整数，表示特定城市的编号。

③基因型和表现型。基因型是染色体的具体编码，是解决方案的内部表示。表现型是基因型在问题空间中的实际表现，即编码解决方案的具体实施。遗传算法操作基因型生成新的后代，但评估和适应度测试是基于表现型进行的，因为表现型代表解决方案在实际应用中的效果。

④种群。种群是当前代中所有染色体的集合，代表了当前的潜在解决方案池。遗传算法从一个初始种群开始，通过应用遗传操作（选择、交叉、变异）使初始种群不断进化，生成新的种群。种群的大小是一个重要参数，影响算法的搜索能力和计算复杂性。

⑤适应度。适应度函数用于评估染色体的性能，即其代表解决方案对问题的适应程度。适应度值越高，表示染色体越容易“适应”问题环境，即解决方案越优。适应度函数的设计是遗传算法成功的关键，需要准确反映问题目标和约束条件。

⑥选择。选择过程模拟自然选择机制，根据适应度从当前种群中选择染色体以进行下一代的繁殖。常见的选择方法包括轮盘赌选择、锦标赛选择和精英选择，它们各有优缺点，适用于不同的场景和需求。

⑦交叉。交叉操作是遗传算法的核心，模拟生物性繁殖中的染色体交换过程，通过将两个父本（染色体）的部分基因互换，生成具有新特征组合的后代染色体。交叉率是一个重要参数，决定了每对父本产生后代的概率。

⑧变异。变异操作通过随机改变染色体上的一个或多个基因的值来引入遗传多样性，以增强种群的探索能力。变异率控制了变异发生的概率，是算法参数调整中的关键因素。

⑨代。一代是指通过选择、交叉和变异操作由当前种群产生的新种群。遗传算法通过迭代多代，逐渐改进解决方案，直至满足终止条件，如达到预设的最大迭代次数或适应度阈值。

⑩精英保留。精英保留策略通过将一代中的最优染色体直接保留到下一代来确保解的质量不会因遗传操作而降低。这有助于防止优秀解决方案在遗传过程中丢失。

编码和解码。编码是将问题的解从表现型转换为基因型的过程，即从实际解决方案到其遗传算法中的表示。解码是相反的过程，即将染色体从基因型转换回表现型。编码和解码方法的选择对遗传算法的效率和效果有重要影响。

（2）遗传算法的基础框架。

①选择。选择操作是遗传算法中的第一步，其核心思想来源于达尔文（Darwin）的进化论，特别是“适者生存，优胜劣汰”的原则。在自然界中，适应环境的生物更有可能生存并繁衍后代，而不适应环境的生物则可

能面临淘汰的命运。这一过程确保了有利基因的保留和传递，进而使物种得以进化和适应环境的变化。

在遗传算法中，选择操作模拟了这一自然选择过程。遗传算法从当前种群中选择一些个体作为下一代的父本，选择的依据是个体的适应度。适应度通常由一个预定义的适应度函数来评估，该函数能够根据每个个体的特征计算出一个适应度值。适应度值越大的个体被选中的概率也越大。

随着算法的迭代，种群中的个体适应度会逐渐提高，因为高适应度的个体有更大的机会被选中并传递其基因给下一代。这一过程类似于自然界中物种通过不断适应环境而进化的过程，有助于算法在解空间中逐步逼近问题的最优解或近似最优解。

②交叉。交叉操作是遗传算法中的第二步，它模拟了自然界生物繁殖过程中的染色体交叉现象。在生物的性繁殖过程中，后代会继承父本的基因，这些基因在形成配子的过程中会发生交叉重组，产生具有新基因组合的后代。这一机制增加了生物个体之间的遗传多样性，有助于物种适应复杂多变的环境，增强其生存和繁衍的能力。

在遗传算法中，交叉操作通过在选择出的父本个体之间进行染色体的部分交换来实现。这一过程通常涉及两个或更多的父本个体，遗传算法会在它们的染色体上随机选择一个或多个交叉点，然后交换这些点之间的基因序列，从而产生具有新基因组合的子代个体。交叉操作的执行概率由交叉率参数控制，这一参数决定了种群中有多少比例的个体会经历交叉过程。

通过交叉操作，遗传算法能够在种群中引入新的基因组合，增加种群的遗传多样性。这对于遗传算法探索解空间，避免陷入局部最优解，以及提高找到全局最优解或近似最优解的概率至关重要。交叉操作的有效性依赖于交叉点的选择以及交叉率参数的设置，这些因素需要根据具体问题和算法的性能要求来适当调整。

③变异。变异操作是遗传算法中的第三步，它模拟了自然界中的基因突变现象。在生物遗传过程中，基因的复制错误或外界环境的影响可能导致基因序列的随机改变，即突变。虽然大多数突变可能对生物个体是不利的，但某些突变可能会增强生物个体的适应性，提高其生存和繁衍能力。这一过程为生物种群提供了额外的遗传多样性和适应性潜力。

在遗传算法中，变异操作通过对种群中个体的染色体进行随机改变来实现。这通常涉及对选定个体的染色体上的一个或多个基因进行随机修改。变异操作的执行概率由变异率参数控制，该参数决定了种群中有多少比例的个体会经历变异过程。

变异操作为遗传算法提供了额外的探索机制，使遗传算法能够跳出局部最优解，探索解空间中未被当前种群覆盖的区域。这对于提高遗传算法找到全局最优解或近似最优解的能力至关重要。然而，变异率的设置需要谨慎，因为过高的变异率可能导致遗传算法的搜索行为变得随机，而过低的变异率则可能使遗传算法过早收敛于局部最优解。

（3）遗传算法在模糊数学建模中应用的详细解析。遗传算法通过优化隶属函数、生成和选择模糊规则、调整模糊控制器参数等手段，可以有效地提升模糊模型的性能。

①隶属函数的优化。隶属函数是模糊数学建模的核心组成部分，它量化了元素对于模糊集合的隶属程度。隶属函数的形状和参数直接影响模糊模型的表达能力和准确性。在实际应用中，确定最佳的隶属函数形状和参数是一个挑战，因为它需要综合考虑模糊性的表达和模型的复杂度。

遗传算法通过模拟自然进化过程，为隶属函数的优化提供了一种高效的策略。它可以自动地在预定义的函数族（如三角形函数、梯形函数、高斯函数等）中搜索最佳的隶属函数形状，并优化其参数（如宽度、中心位置等），以较好地反映输入数据的模糊性质和输出需求的精确度。对隶属函数的参数进行编码可以构成一个染色体。遗传算法通过选择、交叉和变异等操作，在迭代过程中不断优化这些参数，从而找到最优或近似最优的隶属函数配置。

②模糊规则的生成和选择。模糊规则定义了模糊模型中输入变量和输出变量之间的模糊逻辑关系。在复杂的模糊系统中，构建一个高效且准确的模糊规则库是非常关键但又困难的。遗传算法能够在规则空间中进行高效搜索，自动生成模糊规则或从大规模的规则集中选择出最优秀的规则子集。

对模糊规则进行编码可以构成一个染色体。遗传算法通过进化机制来探索高质量的模糊规则配置。在迭代过程中，通过评估每个模糊规则配置的适应度（基于模型的预测性能、规则库的复杂度等因素），遗传算法能够识别并保留优秀的模糊规则，同时淘汰性能较差的模糊规则。这一过程不仅提高了模糊模型的精确度和效率，还增强了模糊模型的可解释性和简洁性。

③模糊控制器参数的调整。模糊控制器是模糊逻辑应用中的一个重要领域，其性能依赖于控制规则的设计和控制参数的设置。遗传算法在模糊控制器设计中的应用包括自动调整控制规则的权重、确定模糊化和去模糊化策略的最佳参数，以及优化控制参数等。

对控制参数进行编码可以构成一个染色体。遗传算法能够在控制参数空间中进行全局搜索，自动发现能够提高控制器性能（如响应速度、稳定性、鲁棒性等）的参数配置。这种方法特别适用于复杂或高度非线性的系统，传统的控制器设计方法可能难以达到或无法达到最优性能。

2. 粒子群优化算法

粒子群优化算法是一种基于群体协作的优化算法，通过模拟鸟群或鱼群的社会行为来搜索最优解。粒子群优化算法可以用于优化模糊控制器的参数或网络权重。

（1）粒子群优化算法的基础概念。

①粒子。粒子是粒子群优化算法中的基本单位，代表问题解空间中的一个潜在解。每个粒子具有位置和速度，这些属性决定了粒子在解空间中的移动和搜索行为。粒子的位置代表一个候选解，其性能由优化问题的目标函数来评估。

②速度。速度是粒子在解空间中移动的方向和速率的表示。在每次迭代中，粒子的速度会根据个体和群体的经验进行调整，以引导粒子探索新的解空间区域或向已知的优秀区域聚集。

③个体最佳。个体最佳是粒子个体在搜索过程中遇到的最优位置，代表该粒子个体搜索历程中的最佳解。个体最佳用于指导粒子个体的未来搜索方向，鼓励粒子个体向自己的最佳经验方向移动。

④全局最佳。全局最佳是所有粒子在搜索过程中遇到的最优位置，代表整个粒子群体的最佳解。在全局版本的粒子群优化算法中，全局最佳为所有粒子共享，指导整个粒子群体向最优解区域聚集。

⑤种群。种群是一组粒子的集合，代表了潜在解决方案的搜索空间。粒子群优化算法从一个初始种群开始，通过更新粒子的速度和位置来迭代搜索最优解。

⑥适应度。适应度是评估粒子位置（潜在解决方案）的标准，通常由优化问题的目标函数定义。适应度值越大或越小（取决于问题是最大化还是最小化），表示粒子位置代表的解决方案越优。

⑦速度和位置更新。粒子群优化算法的核心是通过动态调整粒子的速度和位置来探索解空间。速度更新考虑了粒子的当前速度、个体最佳位置与当前位置之间的距离，以及全局最佳位置与当前位置之间的距离。位置则根据更新后的速度进行调整。

⑧参数。粒子群优化算法包括几个关键参数，如粒子群大小、学习因子（个体学习因子和社会学习因子）和惯性权重。这些参数影响粒子的搜索行为和算法的收敛性能。

（2）粒子群优化算法的基础框架。

①粒子的初始化。粒子群优化算法的第一步是初始化一群粒子。每个粒子代表问题解空间中的一个潜在解。粒子的初始位置通常是随机生成的，以保证解空间得到广泛且均匀的覆盖。除了位置，每个粒子还有一个速度，速度同样在初始化时随机设定。速度决定了粒子探索解空间的能力和方向。

初始化过程还包括为每个粒子设置个体最佳位置和群体中的全局最佳位置。初始时，粒子的当前位置即为其个体最佳位置，而全局最佳位置则是在所有粒子的个体最佳位置中选出的最优解。

②速度和位置的更新。粒子群优化算法的核心在于通过迭代更新粒子的速度和位置来寻找最优解。每个粒子的速度更新考虑了三个因素：当前速度、粒子的历史最佳位置与当前位置之间的差距（个体认知部分），以及全局最佳位置与当前位置之间的差距（社会认知部分）。这种更新机制使得粒子能够在个体经验和群体经验之间找到平衡，既能探索新区域，又能利用群体的知识集中搜索最有希望的区域。

速度更新公式通常表示为

$$V_i(t+1) = wV_i(t) + c_1 r_1 (P_{\text{best},i} - X_i(t)) + c_2 r_2 (G_{\text{best}} - X_i(t))$$

式中，$V_i(t+1)$是粒子i在$t+1$（下一）时刻的速度；w是惯性权重，控制着粒子维持当前速度方向的倾向；$V_i(t)$是粒子i在t（当前）时刻的速度；c_1和c_2是加速系数，决定了个体认知和社会认知对速度更新的影响程度；r_1和r_2是随机数（为了增强搜索的随机性）；$P_{\text{best},i}$是粒子i的个体最佳位置；G_{best}是全局最佳位置；$X_i(t)$是粒子i在t（当前）时刻的位置。

位置的更新则是基于新的速度值直接计算的，公式简单表示为

$$X_i(t+1) = X_i(t) + V_i(t+1)$$

这个过程使得每个粒子在个体经验和群体经验的指导下，在解空间中进行搜索。

③个体最佳位置和全局最佳位置的更新。在每次迭代后，粒子群优化算法需要更新每个粒子的个体最佳位置和全局最佳位置。当一个粒子在新的位置找到比其当前个体最佳位置更好的解时，它会更新自己的个体最佳位置。同样，如果任何粒子找到了比当前全局最佳位置更优的解，那么全局最佳位置也会被更新。

这一更新机制不仅可以保证粒子群优化算法能够记住并利用迄今为止找到的最优解，还可以不断引导粒子群向更优的区域移动。通过不断迭代，粒子群中的每个粒子都在自己的经验和其他粒子的经验的基础上进行搜索，使得整个群体逐渐靠近全局最优解或近似最优解。

④迭代的终止。

粒子群优化算法的迭代会在满足终止条件时停止。终止条件可以是迭代达到预定的次数、解的质量达到预设的阈值、解的改进程度在一定次数的迭代中低于某个阈值等。终止条件的选择取决于具体问题的需求和对粒子群优化算法性能的考虑。

（3）粒子群优化算法在模糊数学建模中应用的详细解析。

①隶属函数的优化。粒子群优化算法可以用来优化隶属函数的参数，如确定最适合数据特性的形状（如三角形、梯形或高斯形状）及相关参数（如中心点、宽度等），以确保模糊模型更好地反映现实世界的模糊性。

在这一过程中，每个粒子代表一组隶属函数的参数配置，粒子群通过迭代搜索寻找最优配置。在每次迭代中，通过评估每个粒子代表的隶属函数参数配置对模糊模型性能的影响，粒子群优化算法调整粒子的位置和速度，不断逼近最优解。这种方法使得隶属函数的参数优化过程更加自动化和高效化。

②模糊规则的生成和选择。粒子群优化算法能够自动生成或优化模糊规则库，从而减少了对人工经验的依赖。在应用粒子群优化算法进行模糊规则优化时，每个粒子可以表示一组模糊规则或规则库的一个候选解。粒子群通过迭代过程在模糊规则空间中搜索最优的模糊规则组合，每个粒子的位置更新反映了模糊规则组合的调整。通过评估每组模糊规则的性能，如模型的准确度、鲁棒性、复杂度等，粒子群优化算法引导粒子群向更优的模糊规则组合进化。这一过程不仅有助于提高模糊模型的性能，还有助于简化模型结构，提高计算效率。

③模糊控制器参数的调整。粒子群优化算法通过自动调整参数来优化模糊控制器的性能。在应用中每个粒子代表一组模糊控制器参数的可能配置。通过在参数空间中的搜索，粒子群优化算法能够找到提高模糊控制器性能的参数设置，如减少稳态误差、改善系统响应时间和提高系统稳定性等。粒子群优化算法的并行搜索特性使得它能够有效地探索大规模的参数空间，找到全局最优解或近似最优解，从而提升模糊控制器的整体性能。

3. 模拟退火算法

模拟退火算法是一种概率搜索算法，通过模拟金属退火的过程来找到全局最优解，该过程涉及将物质加热至高温然后缓慢冷却，以减少材料内部的缺陷，达到较低的能量状态。在模型改进中，模拟退火算法可以用于寻找最优的隶属函数参数或规则设置。

（1）模拟退火算法的基础概念。

①当前解。当前解是在搜索空间中随机选取的一个解，可以被认为是模拟退火算法当前所处的状态。这个解在模拟退火算法的每一步都会被评估，并且可能会根据一定的规则被接受为新的当前解。

②候选解。在每次迭代中，模拟退火算法会从当前解的邻域中生成一个候选解。这个过程类似于在当前解的基础上进行微小的随机扰动。候选解的生成方式取决于问题的性质和邻域结构。

③能量。在模拟退火算法中，能量是一个类比概念，用于评估解的质量。通常，能量由目标函数计算得出，该函数的好坏反映了解决方案的优劣。在最小化问题中，较低的能量值表示较优的解；在最大化问题中，较高的能量值表示较优的解。

④温度。温度是模拟退火算法中的一个控制参数，模拟物理退火过程中的温度。高温允许模拟退火算法接受较差的解，以增加对搜索空间的探索行为；而低温则使模拟退火算法趋向于接受较优的解，从而收敛到全局最优解。温度随着时间逐渐降低，这可以模拟冷却过程。

⑤冷却计划。冷却计划定义了温度随时间或迭代次数逐步降低的方式。它是模拟退火算法的关键部分，因为它影响模拟退火算法的探索能力和收敛速度。

⑥接受准则。接受准则是判断模拟退火算法是否接受候选解作为新的当前解的准则。

⑦迭代。每次迭代包括生成候选解、评估能量、应用接受准则以及可能的温度调整。模拟退火算法通过多次迭代，逐步改进解决方案，直到满足终止条件，如温度降至某一阈值以下或迭代达到预定的次数。

（2）模拟退火算法的基础框架。

①初始解的生成。模拟退火算法的第一步是生成一个初始解，这一初

始解可以是随机生成的，也可以是基于某种启发式方法得到的。初始解代表模拟退火算法搜索过程的起点，其不必是最优的，但应具有可行性。初始解的生成是整个算法过程的基础，为后续的搜索提供了一个出发点。

②温度控制的冷却计划。在模拟退火算法中，温度是一个控制参数，其模拟了物理退火过程中的温度。高温允许模拟退火算法接受较差的解，从而增加对搜索空间的探索行为；随着温度的降低，模拟退火算法趋向于接受更优的解，以期逐渐接近全局最优解。常见的冷却计划包括线性冷却、指数冷却、对数冷却等，它们影响着模拟退火算法的搜索效率和最终解的质量。

③新解的生成及接受准则。在每次迭代中，模拟退火算法基于当前解生成一个新解。新解的生成通常涉及对当前解的某些部分进行微小的随机扰动。这一过程模拟了物质退火中原子的随机运动。新解的生成策略应确保解空间得到充分且有效的探索。

新解生成后，这个新解是否被接受为当前解可以根据接受准则判断。模拟退火算法采用的是 Metropolis 准则，该准则允许以一定概率接受比当前解更差的新解，这一概率随着解的劣化程度和温度的降低而减小。这种接受策略使得模拟退火算法在初期能够跳出局部最优解，能够增加找到全局最优解的机会；在温度降低的后期，则趋向于稳定在最优解附近。

④终止条件的判断。模拟退火算法的迭代会在满足终止条件时停止。终止条件可以是温度降至某一预设的阈值以下，或者在一定数量的连续迭代中解的改进小于某个设定值，或者迭代达到预定的次数等。终止条件的设置需要根据具体问题和对模拟退火算法性能的考虑来决定，以确保模拟退火算法能在有限的时间内停止，并给出一个质量尽可能好的解。

（3）模拟退火算法在模糊数学建模中应用的详细解析。

①隶属函数的优化。模拟退火算法从随机选择初始参数配置开始，然

后在迭代过程中逐渐降低“温度”，控制解的搜索范围和接受差解的概率。通过这种方式，模拟退火算法能够有效地探索参数空间，可以避免陷入局部最优解，最终找到能够匹配数据模糊性的最佳隶属函数配置。

②模糊规则的生成和选择。模拟退火算法可以用来自动生成模糊规则或从大量候选模糊规则中选择出最优的模糊规则子集。在这一过程中，模拟退火算法从一个随机生成的规则集开始，通过迭代过程中的随机扰动和基于概率的接受准则，逐步优化规则集的组成。这种方法能够在保持规则集多样性的同时，逐步提高规则集对模糊模型性能的贡献程度，最终筛选出一组高效且有效的模糊规则。

③模糊控制器参数的调整。模糊控制器的性能在很大程度上取决于其参数的设置，如规则权重、模糊化和去模糊化策略的参数等。模拟退火算法可以被用于优化这些控制参数，提升模糊控制器的整体性能。模拟退火算法可以从一个随机的参数配置开始，通过迭代过程不断调整控制参数。模拟退火算法的温度控制机制和接受差解的概率使得其在迭代初期具有较高的探索能力，能够避免过早陷入局部最优解，而在迭代后期则逐渐聚焦于最优解或近似最优解的搜索，这可以有效提升模糊控制器的响应性、稳定性和鲁棒性。

第9章　模糊数学与人工智能的综合应用（以医疗诊断为例）

计算机技术进步与人工智能（artificial intelligence, AI）兴起为医疗诊断带来了新方向，通过调整神经网络中的参数权重，AI 可以有效解决医疗系统中的数据处理难题。模糊数学解决了传统方法难以描述模糊概念（如“上火”“牙痛”）的问题，为医疗诊断问题提供了分析工具。本章结合 AI 与模糊数学，构建了医疗诊断模型，这个模型可以帮助经验不足的医生处理复杂多指标病症。该模型通过遗传算法优化的 BP 神经网络降维多指标数据，接着应用模糊数学理论，如隶属函数、模糊测度、Choquet 积分等，对降维数据进行分析，结合专家经验，评估患病程度。

9.1　人工智能

9.1.1　人工智能的基础概念

AI 作为一种模拟、扩展和增强人类智能的技术，正日益成为现代社会不可或缺的一部分。AI 的根本目标是创造能够自主执行任务、解决问题并进行决策的系统。这些系统能够通过分析数据、识别模式、学习经验和适应新情况来改善其性能。AI 的实现方式多种多样，包括但不限于机器学习、自然语言处理、计算机视觉和机器人技术。

机器学习是 AI 的一个核心分支，它使机器能够通过数据学习，而无须进行明确的编程。深度学习，作为机器学习的一个子集，通过模仿人脑的结构和功能——人工神经网络——来处理数据。这些方法使得机器能够执行语音识别、图像识别、语言翻译等复杂任务。

自然语言处理是另一个重要领域，它让机器能够理解和生成人类语言。这使得机器能够执行如自动翻译、情感分析和聊天等任务。

计算机视觉让机器能够解析和理解视觉信息，从而执行人脸识别和图像分类等任务。

机器人技术结合 AI 与物理形态，创造了能够执行物理任务的机器，如工业自动化设备、自动驾驶车辆和服务机器人。

AI 的发展受益于硬件技术的进步，如更快的处理器、更大的存储容量和更高效的数据传输。云计算和大数据技术的兴起为 AI 提供了所需的庞大数据量和计算资源。开源软件和算法库的普及降低了进入门槛，促进了 AI 的创新和应用。

AI 的应用范围广泛，影响了医疗、金融、制造、交通、教育等多个行业。在医疗领域，AI 可以帮助医生诊断疾病、制订治疗方案和监测病人健康。在金融领域，AI 用于风险管理、欺诈检测和算法交易。在制造业领域，AI 提高了生产效率、质量控制和供应链管理水平。在交通领域，自动驾驶技术正在逐步实现，有望改变人们的出行方式。

AI 的发展也带来了挑战。就业市场可能会受到冲击，某些职业可能会消失，而新的职业会出现。这就要求劳动力重新适应。此外，AI 在决策过程中的透明度、公平性和偏见问题需要被认真对待。数据隐私和安全问题也是 AI 应用中的重要考虑因素。

AI 伦理是一个正在快速发展的领域，旨在确保 AI 系统的设计和部署能够符合道德标准和社会价值观。这包括确保 AI 系统的决策过程可解释、公平且不被歧视，以及确保 AI 系统的使用不侵犯个人隐私权。

9.1.2 BP 神经网络

BP 神经网络是一种按照误差反向传播算法训练的多层前馈神经网络，是目前应用较广泛的神经网络之一。它的基本思想是利用梯度下降法，通过反向传播来不断调整网络的权重和阈值，使网络的实际输出值和期望输出值的误差最小。

BP 神经网络的结构包括输入层、隐藏层和输出层。输入层接收外部输入信号；隐藏层在输入层和输出层之间，对输入信号进行非线性变换和处理；输出层产生 BP 神经网络的输出信号。每一层的节点都通过权重连接，每个节点都有一个阈值和一个激活函数。激活函数的作用是引入非线性元素，以增强 BP 神经网络的表达能力。常用的激活函数有 Sigmoid 函数、Tanh 函数，ReLU 函数等。

BP 神经网络的训练过程分为两个阶段：信号的前向传播和误差的反向传播。信号的前向传播是指从输入层到输出层，依次计算每一层的输出值，直到得到 BP 神经网络的最终输出值。误差的反向传播是指从输出层到输入层，依次计算每一层的误差项，然后根据误差项和学习率来更新每一层的权重和阈值。这个过程不断重复，直到 BP 神经网络的误差达到预设的阈值或者迭代达到预定的次数。

下面详细讲解 BP 神经网络的算法流程和原理。为了简化问题，假设 BP 神经网络只有一个隐藏层，输入层有三个节点，隐藏层有两个节点，输出层有一个节点。然后根据实际情况扩展到更多的层和节点。

1. 信号的前向传播

假设输入层的输入信号为$\boldsymbol{x}=[x_1,x_2,x_3]^{\mathrm{T}}$，输入层到隐藏层的权重矩阵为$\boldsymbol{U}=[u_{ij}]_{3\times2}$，隐藏层到输出层的权重矩阵为$\boldsymbol{V}=[v_{ij}]_{2\times1}$，隐藏层的阈值向量为$\boldsymbol{\theta}^1=[\theta_1^1,\theta_2^1]^{\mathrm{T}}$，输出层的阈值向量为$\boldsymbol{\theta}^2=\left[\theta_1^2,\theta_2^2\right]^{\mathrm{T}}$，隐藏层的激活函数为$f_1$，输出层的激活函数为$f_2$，则信号的前向传播过程如下。

（1）计算隐藏层的输入和输出。

$$\boldsymbol{h}^1=\boldsymbol{U}^{\mathrm{T}}\boldsymbol{x}+\boldsymbol{\theta}^1$$

$$\boldsymbol{H}^1=f_1(\boldsymbol{h}^1)$$

式中，$\boldsymbol{h}^1=[h_1^1,h_2^1]^{\mathrm{T}}$是隐藏层的输入向量，$\boldsymbol{H}^1=[H_1^1,H_2^1]^{\mathrm{T}}$是隐藏层的输出向量。

（2）计算输出层的输入和输出。

$$\boldsymbol{h}^2=\boldsymbol{V}^{\mathrm{T}}\boldsymbol{H}^1+\boldsymbol{\theta}^2$$

$$\boldsymbol{y}=f_2(\boldsymbol{h}^2)$$

式中，$\boldsymbol{h}^2=\left[h_1^2,h_2^2\right]^{\mathrm{T}}$是输出层的输入向量，$\boldsymbol{y}=\left[y_1,y_2\right]^{\mathrm{T}}$是输出层的输出向量。

2. 误差的反向传播

假设输出层的期望输出向量为$\boldsymbol{t}=\left[t_1,t_2\right]^{\mathrm{T}}$，则输出层的误差向量为$\boldsymbol{e}=\left[e_1,e_2\right]^{\mathrm{T}}=\boldsymbol{t}-\boldsymbol{y}$，BP 神经网络的总误差为$E=\dfrac{1}{2}\boldsymbol{e}^{\mathrm{T}}\boldsymbol{e}=\dfrac{1}{2}(\boldsymbol{t}-\boldsymbol{y})^2$。目标是使$E$最小，即找到最优的$\boldsymbol{U}$、$\boldsymbol{V}$、$\boldsymbol{\theta}^1$、$\boldsymbol{\theta}^2$。为了实现这个目标，梯度下降法需要被使用，以不断更新权重和阈值，使得E沿着负梯度方向下降。误差的反向传播过程如下。

（1）计算输出层的误差项向量、权重更新矩阵和阈值更新向量。

$$\boldsymbol{\delta}^2=-\frac{\partial E}{\partial \boldsymbol{h}^2}=-\frac{\partial E}{\partial \boldsymbol{y}}\frac{\partial \boldsymbol{y}}{\partial \boldsymbol{h}^2}=-\boldsymbol{e}\odot f_{2'}(\boldsymbol{h}^2)$$

$$\Delta\boldsymbol{V}=-\eta\frac{\partial E}{\partial \boldsymbol{V}}=-\eta\frac{\partial E}{\partial \boldsymbol{h}^2}\frac{\partial \boldsymbol{h}^2}{\partial \boldsymbol{V}}=-\eta\boldsymbol{\delta}^2\boldsymbol{H}^{1\mathrm{T}}$$

$$\Delta\boldsymbol{\theta}^2=-\eta\frac{\partial E}{\partial \boldsymbol{\theta}^2}=-\eta\frac{\partial E}{\partial \boldsymbol{h}^2}\frac{\partial \boldsymbol{h}^2}{\partial \boldsymbol{\theta}^2}=-\eta\boldsymbol{\delta}^2$$

式中，$\boldsymbol{\delta}^2=\left[\delta_1^2,\delta_2^2\right]^{\mathrm{T}}$是输出层的误差项向量，$\Delta\boldsymbol{V}=[\Delta v_{ij}]_{2\times1}$是输出层的权重更新矩阵，$\Delta\boldsymbol{\theta}^2=\left[\Delta\theta_1^2,\Delta\theta_2^2\right]^{\mathrm{T}}$是输出层的阈值更新向量，$\eta$是学习率，$\odot$是哈达玛积（对应元素相乘）。

（2）计算隐藏层的误差项向量、权重更新矩阵和阈值更新向量。

$$\boldsymbol{\delta}^1=-\frac{\partial E}{\partial \boldsymbol{h}^1}=-\frac{\partial E}{\partial \boldsymbol{h}^2}\frac{\partial \boldsymbol{h}^2}{\partial \boldsymbol{H}^1}\frac{\partial \boldsymbol{H}^1}{\partial \boldsymbol{h}^1}=-\boldsymbol{\delta}^2\boldsymbol{V}^{\mathrm{T}}\odot f_{1'}(\boldsymbol{h}^1)$$

$$\Delta\boldsymbol{U}=-\eta\frac{\partial E}{\partial \boldsymbol{U}}=-\eta\frac{\partial E}{\partial \boldsymbol{h}^1}\frac{\partial \boldsymbol{h}^1}{\partial \boldsymbol{U}}=-\eta\boldsymbol{\delta}^1\boldsymbol{x}^{\mathrm{T}}$$

$$\Delta\boldsymbol{\theta}^1=-\eta\frac{\partial E}{\partial \boldsymbol{\theta}^1}=-\eta\frac{\partial E}{\partial \boldsymbol{h}^1}\frac{\partial \boldsymbol{h}^1}{\partial \boldsymbol{\theta}^1}=-\eta\boldsymbol{\delta}^1$$

式中，$\boldsymbol{\delta}^1=[\delta_1^1,\delta_2^1]^T$是隐藏层的误差项向量，$\Delta\boldsymbol{U}=[\Delta u_{ij}]_{3\times2}$是隐藏层的权重更新矩阵，$\Delta\boldsymbol{\theta}^1=[\Delta\theta_1^1,\Delta\theta_2^1]^{\mathrm{T}}$是隐藏层的阈值更新向量。

（3）更新权重矩阵和阈值向量。

$$\boldsymbol{V}=\boldsymbol{V}+\Delta\boldsymbol{V}$$

$$\boldsymbol{U}=\boldsymbol{U}+\Delta\boldsymbol{U}$$

$$\boldsymbol{\theta}^2=\boldsymbol{\theta}^2+\Delta\boldsymbol{\theta}^2$$

$$\boldsymbol{\theta}^1=\boldsymbol{\theta}^1+\Delta\boldsymbol{\theta}^1$$

9.1.3 BP 神经网络模型的具体实现

为了实现 BP 神经网络模型，几个关键组件需要被定义：网络结构、前向传播过程、损失函数、反向传播算法以及权重和阈值的更新。以下是一个简单的实现示例，使用 Python 和 NumPy 库。

首先确保安装了 NumPy 库。如果未安装，可以通过运行“pip install numpy”来安装。

如图 9-1 所示的代码定义了一个具有单个隐藏层的 BP 神经网络模型。

```
import numpy as np


class SimpleBPNN:
    def __init__(self, input_size, hidden_size, output_size):
        # 初始化权重矩阵和阈值向量
        self.U = np.random.randn(input_size, hidden_size)
# 输入层到隐藏层的权重矩阵
        self.V = np.random.randn(hidden_size, output_size)
# 隐藏层到输出层的权重矩阵
        self.theta1 = np.random.randn(hidden_size)  # 隐藏层阈值向量
        self.theta2 = np.random.randn(output_size)  # 输出层阈值向量

    def sigmoid(self, x):
        return 1 / (1 + np.exp(-x))

    def sigmoid_derivative(self, x):
        return x * (1 - x)

    def forward(self, x):
        # 前向传播
        self.h1 = np.dot(x, self.U) + self.theta1
        self.H1 = self.sigmoid(self.h1)
        self.h2 = np.dot(self.H1, self.V) + self.theta2
        y = self.sigmoid(self.h2)
```

```
        return y

    def compute_loss(self, y_pred, y_true):
        # 计算误差
        return np.mean((y_true - y_pred) ** 2)

    def backpropagation(self, x, y_true, y_pred, learning_rate):
        # 反向传播
        error = y_true - y_pred
        d_y_pred = error * self.sigmoid_derivative(y_pred)

        error_h1 = np.dot(d_y_pred, self.V.T)
        d_h1 = error_h1 * self.sigmoid_derivative(self.H1)

        # 更新权重矩阵和阈值向量
        self.V += learning_rate * np.dot(self.H1.T, d_y_pred)
        self.U += learning_rate * np.dot(x.T, d_h1)
        self.theta2 += learning_rate * np.sum(d_y_pred, axis=0)
        self.theta1 += learning_rate * np.sum(d_h1, axis=0)

    def train(self, X, Y, learning_rate=0.1, epochs=1000):
        for epoch in range(epochs):
            for x, y_true in zip(X, Y):
                x = np.reshape(x, (1, -1))
```

```
        y_true = np.reshape(y_true, (1, -1))
        y_pred = self.forward(x)
        self.backpropagation(x, y_true, y_pred, learning_rate)

    if epoch % 100 == 0:
        loss = self.compute_loss(self.forward(X), Y)
        print(f'Epoch {epoch}, Loss: {loss}')

# 示例数据和网络初始化
input_size = 3  # 输入层节点数
hidden_size = 2  # 隐藏层节点数
output_size = 1  # 输出层节点数

# 创建 BP 神经网络模型
bpnn = SimpleBPNN(input_size, hidden_size, output_size)

# 假设训练数据（这里应该是实际的训练数据）
X = np.array([[0, 0, 1], [0, 1, 1], [1, 0, 1], [1, 1, 1]])
Y = np.array([[0], [1], [1], [0]])

# 训练网络
bpnn.train(X, Y)
```

图 9-1　BP 神经网络模型一

如图 9-1 所示的代码实现了一个简单的 BP 神经网络模型，该 BP 神经网络包含一个输入层、一个隐藏层和一个输出层。模型的主要参数和组成如下：

1. 权重矩阵“U”和“V”

“U”是一个形状为“input_size”×“hidden_size”的矩阵，表示输入层到隐藏层的权重；“V”是一个形状为“hidden_size”×“output_size”的矩阵，表示隐藏层到输出层的权重。这些矩阵的初始值是随机生成的。

2. 阈值向量“theta1”和“theta2”

“theta1”是一个长度为“hidden_size”的向量，表示隐藏层的阈值或偏置；“theta2”是一个长度为“output_size”的向量，表示输出层的阈值或偏置。这些向量的初始值也是随机生成的。

3. 激活函数

Sigmoid 函数用于非线性转换。Sigmoid 函数将输入映射到 (0,1) 区间，其导数用于反向传播中的梯度计算。

4. 前向传播

输入数据“x”通过权重矩阵“U”和阈值向量“theta1”计算得到隐藏层的加权输入“h1”，经过 Sigmoid 函数作用后得到隐藏层的输出“H1”。“H1”再通过权重矩阵“V”和阈值向量“theta2”计算得到输出层的加权输入“h2”，经过 Sigmoid 函数作用后得到最终输出“y”。

5. 损失函数

将均方误差作为损失函数，计算预测输出“y_pred”和真实输出“y_true”之间的差异。

6. 反向传播

首先计算输出层的误差“error”和误差项“d_y_pred”，然后根据链式法则计算隐藏层的误差项“d_h1”。接着，使用这些误差项更新权重矩阵“V”和“U”以及阈值向量“theta2”和“theta1”。

7. 权重矩阵和阈值向量的更新

使用梯度下降法根据反向传播计算得到的梯度更新权重矩阵“U”和“V”，以及阈值向量“theta1”和“theta2”。

8. 训练过程

通过迭代执行前向传播、损失计算、反向传播和权重矩阵及阈值向量的更新，模型在每次迭代中学习并调整参数以最小化损失。

在代码中，“train”函数负责迭代这一过程，通过多次迭代（“epochs”）逐步优化网络参数，以达到更好的学习效果。每次迭代都会遍历训练数据集“X”和“Y”，对每个样本执行前向传播，计算损失，执行反向传播，并更新网络参数。

9.2　医疗诊断模型

在医疗诊断领域，BP 神经网络由于强大的非线性映射能力和学习能力，被广泛应用于疾病诊断、医学影像分析等任务中。遗传算法作为一种优化技术，可以用来优化 BP 神经网络的权重和结构，以提高诊断的准确性。然而，仅仅优化网络参数往往是不够的，特别是在医学数据分析中，因为生物标志物（如血液指标、基因表达等）之间可能存在复杂的相互作用关系，这些相互作用关系对疾病的发展和诊断具有重要影响。

9.2.1　模型功能介绍

在现代医疗诊断过程中，利用病例数据和专家经验来评估患者的健康状况并做出准确诊断是非常重要的。这种诊断方法不仅需要对大量的病例数据进行分析，还需要综合考虑专家的经验和直觉。特别是在处理复杂的疾病时，单一的指标往往难以提供足够的诊断依据。因此如何合理地结合各种指标和专家经验，以提高诊断的准确性和效率，成了挑战。

在这一背景下，隶属函数的概念被引入医疗诊断中，隶属函数在这里用来量化一个元素属于某个模糊集合的程度。在医疗诊断的应用中每个指标的隶属函数都能够描述该指标对于某一特定疾病诊断的相关性或贡献程度，这种度量称为符合度。符合度高的指标在诊断过程中具有更重要的作用。不同的疾病会有不同的隶属函数，因为不同疾病的诊断依据和关键指标可能完全不同。

进一步，通过遗传算法和 BP 神经网络的结合使用，每个指标的贡献程度可以被更加精确地量化。在医疗诊断模型中，遗传算法可以用来优化 BP 神经网络的权重和结构，使 BP 神经网络能够更好地学习病例数据中的模式。BP 神经网络是一种广泛使用的前馈神经网络，通过反向传播算法调整权重，以最小化预测输出和实际输出之间的误差。将遗传算法与 BP 神经网络结合，可以有效地提高医疗诊断模型的学习能力和预测准确性。

在这一框架下，模糊测度值的概念被引入，它用以表示每个指标在诊断特定疾病中的贡献程度。这些模糊测度值不仅反映了单个指标的重要性，还考虑了各个指标之间的相互作用关系。在医疗诊断中，各个指标间的相互作用是非常常见的，比如，某些指标的组合可能对诊断某种疾病具有重要意义。因此，考虑这种相互作用关系对提高诊断的准确性是非常有帮助的。

模糊积分被用来综合所有的指标和其对应的模糊测度值，以得到最终的诊断结果。模糊积分技术是一种将模糊测度值与实际观察值结合起来的积分技术，它能够综合考虑每个指标的贡献程度和各个指标之间的相互作用关系，从而得到一个全面的评估结果。将这个结果与预先设定的标准值进行比较，就可以得到最终的诊断结果。

通过上述过程，医疗诊断模型不仅能够利用大量病例数据和专家经验，还能够通过隶属函数、遗传算法优化的 BP 神经网络以及模糊积分技术，综合考虑各种复杂的因素，从而实现更高准确性的医疗诊断。这种方法不仅提高了诊断的准确性，还大大提高了医疗决策的效率和可靠性，对于提升医疗服务质量、促进患者健康具有重要意义。图 9-2 是医疗诊断模型具体的工作流程。

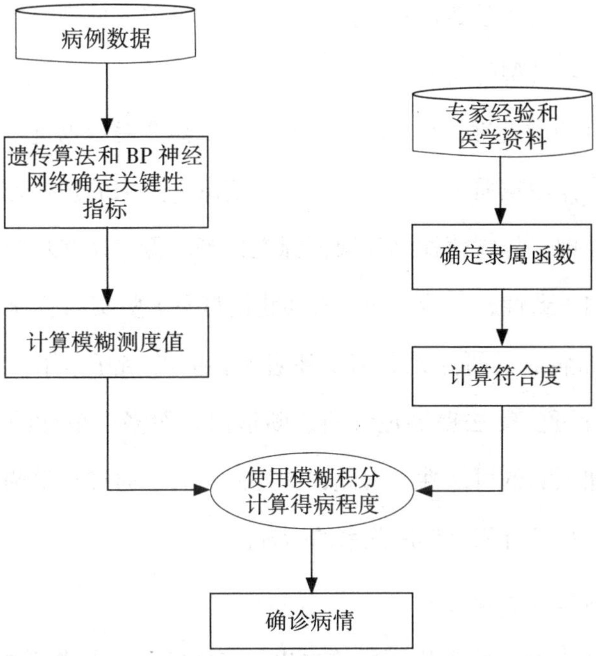

图 9-2　医疗诊断模型具体的工作流程

9.2.2　模型训练

下面将详细探究医疗诊断模型的具体训练方法。

1. 数据集的选择

（1）数据的获取。医学数据的真实性和可靠性是确保医疗诊断模型有效的前提。传统上，医学数据的获取主要依赖于医院和医疗机构的临床记录、实验室检测结果和患者问卷调查等。研究人员可以通过与当地医院合作，获取相关的医学数据。这些医学数据直接来源于临床实践，具有较高的真实性和可靠性。

随着信息技术的发展，互联网成了一个重要的医学数据来源。公开的医学数据库、在线健康论坛、医疗健康应用收集的用户数据等，都为医学研究提供了丰富的资源。例如，UCI（加利福尼亚大学欧文分校）数据库提供了多种公开的医学数据集，这些数据集经过匿名处理，可以用于学术研究和机器学习模型的训练。

（2）数据的预处理。在获取医学数据后，需要对数据进行详细的分析和处理，以确保数据质量和提取有价值的信息。数据的预处理包括数据清洗、缺失值处理、异常值检测和数据标准化等步骤。这些步骤能够保证数据的准确性和一致性，为后续的分析和建模打下了坚实的基础。

对多指标病症的研究尤其需要注意指标间的相互作用。在某些疾病中，单个指标可能无法提供足够的诊断依据，而多个指标的组合异常则可能显著增加患病的可能性。因此，研究人员需要通过医学调研和数据分析，识别出这些具有相互作用关系的指标。

2. 模型与优化算法

准确地从大量的检查指标中筛选出与特定疾病密切相关的关键指标，并准确评估这些指标对疾病诊断的贡献程度，可以有效提高医疗模型诊断的准确性和效率。因此，采用遗传算法优化的 BP 神经网络模型，旨在通过智能算法精确识别出关键指标及其对疾病诊断的模糊测度值，从而为医生提供更为准确的诊断依据。

将遗传算法与 BP 神经网络相结合，可以充分利用遗传算法在全局搜索中的优势，优化 BP 神经网络的权重和阈值，从而提高 BP 神经网络的学习效率和诊断准确率。

识别关键指标与确定模糊测度值的具体操作如下。

（1）初始种群的产生。通过对数据集的预处理和随机函数的应用，一系列初始种群产生了，每个种群代表一套可能的解决方案，即一组潜在的关键指标。

（2）适应度函数的计算。适应度函数是衡量解决方案好坏的关键指标，本书采用适应度函数来评估每组潜在关键指标对疾病诊断的贡献程度，通过遗传算法对 BP 神经网络的权重和阈值进行优化，以确保适应度函数的计算不受初始权重和阈值随机性的影响。

（3）选择操作。采用比例选择算子，根据个体的适应度值确定其被遗传到下一代的概率。本书通过模拟轮盘赌选择操作确保适应度值大的个体有更大的概率被选中。

（4）交叉与变异操作。交叉操作使新的个体产生了，这增加了种群的多样性。变异操作则通过随机改变个体的部分基因，引入新的遗传信息，以避免算法早熟收敛于局部最优解。

（5）降维优化与模糊测度值的确定。经过多代的迭代，当遗传算法达到终止条件时，输出的最优种群即为最终确定的关键指标。随后，利用优化后的 BP 神经网络对这些关键指标进行模糊测度值的计算，利用模拟试验和对比诊断结果的正确率，可以最终确定每个关键指标的模糊测度值。

3. 联合测度值的计算

在确定了每个关键指标及其模糊测度值的基础上，计算联合测度值涉及对这些指标相互作用的综合评估。联合测度值不仅反映了单个指标对疾病诊断的贡献程度，还包含了各个指标之间相互作用的信息，能够提供更为全面的诊断依据。

首先每个关键指标的模糊测度值可以通过 BP 神经网络的训练和遗传

算法的优化来确定。这些值代表了每个指标对疾病诊断的贡献程度，是计算联合测度值的基础。然后利用 Sugeno 测度公式，根据单指标的模糊测度值来求得任意模糊集合的联合测度值。Sugeno 测度是一种非加性测度，特别适用于处理指标间存在非线性相互作用的情况，因此它能够有效地反映多个医学指标综合作用下的疾病诊断信息。

联合测度值的计算为医疗诊断提供了一种全新的视角。在传统的医疗诊断模型中，往往只独立考虑每个指标对疾病的影响，而忽略了各个指标之间的相互作用。联合测度值不仅能够评估单个指标的影响，还能够综合考虑各个指标之间的相互作用，从而提供了更为准确和全面的诊断信息。这对于那些涉及多个指标、指标间相互作用的复杂的疾病诊断具有重要意义。例如，在心血管疾病的诊断中，仅仅考虑血压、胆固醇水平等单一指标可能无法准确诊断疾病。而通过联合测度值的计算，医生可以综合考虑血压和胆固醇水平的相互作用，以及它们与其他指标的综合影响，从而做出更为准确的诊断判断。

4. 隶属函数的确定

隶属函数在医疗诊断模型中的应用主要体现在两个方面：一是通过隶属度的计算为医生提供更为直观和量化的诊断参考；二是通过分析不同指标的隶属度，揭示疾病的发生机制和病理特点。在模型训练过程中，隶属函数的引入使得医疗诊断模型能够更加精准地捕捉疾病的特征，提高诊断的准确率。

隶属函数的选择需要综合考虑疾病的特性、诊断指标的医学意义以及专家的临床经验。不同的疾病可能需要不同形式的隶属函数来准确描述指标与疾病之间的关系。例如，对于一些具有明显阈值特征的疾病，阶跃型的隶属函数可以被选择，即当指标值超过某个阈值时，其隶属度突然增加；而对于一些指标与疾病关系呈现渐进性特征的情况，则线性或曲线型的隶属函数可能更适合被选择。

在确定隶属函数时，研究人员首先需要与专家紧密合作，深入分析各个指标与疾病之间的关系，明确哪些指标对于疾病诊断具有重要意义。然后根据指标的医学特性和疾病的临床表现，选择合适的隶属函数形式。此外，考虑到不同患者间的生理差异，合理设定隶属函数中的参数可以保证医疗诊断模型具有良好的泛化能力。

5. 符合度的计算

在构建基于 BP 神经网络的医疗诊断模型过程中，符合度的计算涉及如何将隶属函数应用于具体病症的分析上，以及如何利用这些函数来确定各个指标对于特定疾病的贡献程度或符合程度。符合度的计算不仅能够为医生提供量化的诊断依据，还能够帮助揭示不同指标与疾病之间的关系，从而提高了医疗诊断的准确性和效率。

符合度是指在给定的隶属函数基础上，一个特定的指标在多大程度上符合某种疾病特征的量化表示。它是通过隶属函数计算得到的一个数值，反映了该指标对疾病诊断的贡献程度。医疗诊断模型通过计算各个指标的符合度，可以综合评估患者的病情，为医生提供更为准确的诊断参考。

研究人员需要根据不同疾病的特点和临床经验，选择合适的隶属函数形式。这些函数通常根据指标值的不同范围，赋予指标不同的隶属度，以反映指标对疾病的重要性。确定隶属函数后，结合具体病症的特征和患者的实际检测值，计算每个指标的隶属度，进而确定其符合度。

符合度的计算首先需要分析具体的病症，明确哪些指标与该病症相关，然后结合医生给出的隶属函数来确定公式中的未知数。这一过程需要充分利用专家的经验和临床数据，以确保隶属函数能够准确反映指标与疾病之间的关系。随后，将患者的实际检测值代入隶属函数公式中，计算得到每个指标的隶属度，即该指标的符合度。

符合度的计算为医疗诊断提供了一种量化的分析方法。通过比较不同指标的符合度，医生可以更清晰地了解哪些指标对疾病的诊断更为重要，哪些指标之间可能存在相互作用关系，从而做出更为精准的诊断判断。此外，符合度的分析还能帮助医生评估治疗效果。医生通过监测治疗前后指标的符合度变化，判断治疗方案的有效性。

6. 模糊积分的应用

BP 神经网络结合模糊逻辑理论，特别是模糊积分的概念，可以进一步提高医疗诊断模型的准确性和鲁棒性。

模糊积分是处理不确定性信息的有效数学工具，尤其适用于医疗诊断这类需要综合考虑多个因素和指标的场景。模糊积分技术可以将各个指标的隶属度和模糊测度值结合起来，综合评估患者的病情。这种方法不仅考虑了每个指标的权重（模糊测度值），还考虑了指标之间的相互作用，提供了比单一指标分析更为全面和准确的诊断依据。

医疗诊断模型常用的模糊积分有以下三种。

（1）Sugeno 积分。Sugeno 积分是一种基于模糊测度的非加性积分，特别适合处理那些指标之间存在相互依赖关系的情况。在计算过程中，Sugeno 积分考虑了各个指标的权重和重要性，通过对隶属函数进行逐点最小化和累积操作，得到一个综合的积分值，从而反映了患者的整体病情。

（2）Choquet 积分。Choquet 积分是一种基于容量（一种特殊的模糊测度）的积分。与 Sugeno 积分不同，Choquet 积分可以处理指标之间的重叠和冗余问题，更加适用于那些指标之间存在部分相互替代性的情况。Choquet 积分可以更灵活地反映各个指标对诊断结果的贡献程度。

（3）Wang 积分。Wang 积分是近年来提出的一种新型模糊积分，它结合了 Sugeno 积分和 Choquet 积分的特点，旨在提供一种更为通用和灵活的积分框架。Wang 积分通过调整积分过程中的参数，可以灵活地适应不同的应用场景和需求。

利用上述三种模糊积分计算得到的积分值，可以综合反映患者各个指标的总体情况。在医疗诊断模型中，根据计算得到的积分值，并结合临床经验和医学知识，医生可以做出更为准确和全面的诊断判断。例如，通过设置合理的标准值，医生可以将积分值转化为具体的诊断结果（如正常、疑似和确诊等）。

7. 标准值的设定

通过将计算出的积分值与预先设定的标准值进行比较，医生可以判断患者是否患病。这一过程的核心在于标准值的设定和验证，它直接关系到诊断结果的准确性和可靠性。

标准值是医疗诊断流程中的关键参数，它作为一个阈值，用来判断积分值是否指示患者患病。标准值的设定通常基于专家的经验和临床知识。专家依据疾病的特点和相关指标，提供了一个初步的标准值。然而，由于个体差异和疾病表现的多样性，专家仅凭经验提供的标准值可能无法达到最佳的诊断准确性。

为了优化和验证标准值，将其应用于实际的医学数据中，进行反复的测试和调整。这一过程涉及将标准值与数据集中的数据进行比较，计算医疗诊断模型在不同标准值下的诊断准确率。分析准确率与标准值之间的关系，可以找到使准确率达到最高的标准值。这一标准值能够综合反映专家知识和实际数据特征，能够为确诊提供更为可靠的依据。

8. 确诊病情的精准判定

在确定了标准值后，确诊病情的判定机制相对直接。它通过计算患者的各个指标，结合模糊积分得到综合的积分值，然后将该积分值与标准值进行比较。若积分值高于标准值，则认为患者有较高的患病风险或患病，应进行进一步的检查或治疗；若积分值低于标准值，则认为患者未患病或病情较轻。这一判定机制不仅提高了诊断的效率，还增强了诊断过程的透明度和可解释性。

尽管基于模糊积分的判定机制具有较高的准确性，但在实际应用中仍会面临一些挑战。指标的复杂性和个体差异可能影响积分值的计算，从而影响确诊的准确性。标准值的设定和优化是一个动态过程，随着医学知识的更新和数据集的扩充，标准值可能需要进行相应的调整。所以要想确保医疗诊断模型的准确度和适应性就需要不断地对模型进行维护和更新。

9.2.3 模型训练的代码实现

下面仅从模型训练的角度来实现一个医疗诊断模型。

假设有一个用于医疗诊断的数据集，每个数据点包含多个特征和一个标签（表示疾病的存在或不存在）。

1. BP 神经网络模型的定义

定义一个 BP 神经网络模型如图 9-3 所示。这个 BP 神经网络包括一个输入层、一个隐藏层和一个输出层。隐藏层使用 Sigmoid 函数，输出层也使用 Sigmoid 函数，以适应二分类问题。

```
import numpy as np

def sigmoid(x):
    return 1 / (1 + np.exp(-x))

def sigmoid_derivative(x):
```

```
        return x * (1 - x)


class BPNeuralNetwork:
    def __init__(self, input_nodes, hidden_nodes, output_nodes):
        self.input_nodes = input_nodes
        self.hidden_nodes = hidden_nodes
        self.output_nodes = output_nodes

        # 初始化权重矩阵和阈值向量
        self.weights_input_hidden = np.random.rand(self.input_nodes, self.
hidden_nodes)
        self.weights_hidden_output = np.random.rand(self.hidden_nodes,
self.output_nodes)
        self.bias_hidden = np.random.rand(self.hidden_nodes)
        self.bias_output = np.random.rand(self.output_nodes)

    def feedforward(self, X):
        self.hidden_layer_input = np.dot(X, self.weights_input_hidden) +
self.bias_hidden
        self.hidden_layer_output = sigmoid(self.hidden_layer_input)

        self.output_layer_input = np.dot(self.hidden_layer_output, self.
weights_hidden_output) + self.bias_output
        self.output_layer_output = sigmoid(self.output_layer_input)
```

```
        return self.output_layer_output

    def backpropagation(self, X, y, learning_rate):
        # 计算输出层误差
        output_error = y - self.output_layer_output
        output_delta = output_error * sigmoid_derivative(self.output_layer_output)

        # 计算隐藏层误差
        hidden_error = np.dot(output_delta, self.weights_hidden_output.T)
        hidden_delta = hidden_error * sigmoid_derivative(self.hidden_layer_output)

        # 更新权重矩阵和阈值向量
        self.weights_hidden_output += np.dot(self.hidden_layer_output.T, output_delta) * learning_rate
        self.weights_input_hidden += np.dot(X.T, hidden_delta) * learning_rate
        self.bias_output += np.sum(output_delta, axis=0) * learning_rate
        self.bias_hidden += np.sum(hidden_delta, axis=0) * learning_rate

    def train(self, X, y, learning_rate=0.1, epochs=10000):
        for epoch in range(epochs):
            output = self.feedforward(X)
            self.backpropagation(X, y, learning_rate)
```

图 9-3　BP 神经网络模型二

在如图 9-3 所示的代码中一个名为“BPNeuralNetwork”的类被定义了，它代表 BP 神经网络。

“__init__”函数用于初始化该网络结构，包括输入层节点数（“input_nodes”）、隐藏层节点数（“hidden_nodes”）和输出层节点数（“output_nodes”）。该网络的权重矩阵和阈值向量使用随机数初始化，“weights_input_hidden”和“weights_hidden_output”分别是输入层到隐藏层和隐藏层到输出层的权重矩阵，“bias_hidden”和“bias_output”分别是隐藏层和输出层的阈值向量。

“feedforward”函数执行该网络的前向传播过程，计算网络的输出。首先，计算隐藏层的输入（加权和加阈值），然后应用 Sigmoid 函数得到隐藏层的输出。接着计算输出层的输入（再次加权和加阈值），再次应用 Sigmoid 函数得到最终的输出。函数返回网络的输出，即对输入“X”的预测。

“backpropagation”函数执行该网络的反向传播过程，用于根据预测误差更新权重矩阵和阈值向量。计算输出层误差，并使用 Sigmoid 函数的导数计算输出层的误差梯度（“output_delta”）。使用输出层的误差梯度计算隐藏层的误差，并计算隐藏层的误差梯度（“hidden_delta”）。使用输出层和隐藏层的误差梯度和学习率（“learning_rate”）更新网络的权重矩阵和阈值向量。

“train”函数用于训练 BP 神经网络，将输入数据“X”、目标输出“y”、学习率和迭代次数（“epochs”）作为参数。在每次迭代中，首先利用“feedforward”函数计算网络的输出，然后通过“backpropagation”函数根据输出误差更新网络的权重矩阵和阈值向量。

“sigmoid”函数是 Sigmoid 函数，将任意实数映射到 (0,1) 区间，用于添加非线性因素，使该网络能够学习复杂的模式。“sigmoid_derivative”函数是 Sigmoid 函数的导数，用于反向传播过程中误差梯度的计算。

2. BP 神经网络参数的遗传算法优化

如图 9-4 所示的代码实现了 BP 神经网络参数的遗传算法优化。

```
class GeneticAlgorithm:
    def __init__(self, population_size, mutation_rate, crossover_rate, network):
        self.population_size = population_size
        self.mutation_rate = mutation_rate
        self.crossover_rate = crossover_rate
        self.network = network
        self.population = [self.create_individual() for _ in range(population_size)]

    def create_individual(self):
        individual = {
            "weights_input_hidden": np.random.rand(self.network.input_nodes, self.network.hidden_nodes),
            "weights_hidden_output": np.random.rand(self.network.hidden_nodes, self.network.output_nodes),
            "bias_hidden": np.random.rand(self.network.hidden_nodes),
            "bias_output": np.random.rand(self.network.output_nodes)
        }
        return individual
```

```
    def mutate(self, individual):
        if np.random.rand() < self.mutation_rate:
            mutation_point = np.random.choice(['weights_input_hidden',
'weights_hidden_output', 'bias_hidden', 'bias_output'])
            mutation_value = np.random.rand(*individual[mutation_point].
shape)
            individual[mutation_point] += mutation_value

    def crossover(self, parent1, parent2):
        if np.random.rand() < self.crossover_rate:
            crossover_point = np.random.choice(['weights_input_hidden',
'weights_hidden_output', 'bias_hidden', 'bias_output'])
            temp = parent1[crossover_point].copy()
            parent1[crossover_point] = parent2[crossover_point]
            parent2[crossover_point] = temp
        return parent1, parent2

    def select(self, fitness_scores):
        # 使用轮盘赌选择方法
        total_fitness = sum(fitness_scores)
        selection_probs = [score / total_fitness for score in fitness_scores]
        selected_index = np.random.choice(range(self.population_size),
p=selection_probs)
        return self.population[selected_index]
```

```
    def calculate_fitness(self, individual, X, y):
        self.network.weights_input_hidden = individual['weights_input_hidden']
        self.network.weights_hidden_output = individual['weights_hidden_output']
        self.network.bias_hidden = individual['bias_hidden']
        self.network.bias_output = individual['bias_output']

        predictions = self.network.feedforward(X)
        # 这里假设 y 是二分类的 0 和 1，将简单的二分类交叉熵作为损失函数
        loss = -np.mean(y * np.log(predictions) + (1 - y) * np.log(1 - predictions))
        fitness = 1 / (1 + loss)  # 损失越小，适应度值越大
        return fitness

    def evolve(self, X, y):
        new_population = []
        fitness_scores = [self.calculate_fitness(individual, X, y) for individual in self.population]
        for _ in range(self.population_size // 2):
    # 产生 population_size/ 两个父本
            parent1 = self.select(fitness_scores)
            parent2 = self.select(fitness_scores)
```

```
            offspring1, offspring2 = self.crossover(parent1.copy(), parent2.copy())
            self.mutate(offspring1)
            self.mutate(offspring2)
            new_population.extend([offspring1, offspring2])
        self.population = new_population
```

图 9-4　BP 神经网络参数的遗传算法优化

在这段代码中一个名为“GeneticAlgorithm”的类被定义了，它用于实现遗传算法，旨在优化与之关联的 BP 神经网络的参数。

“__init__”函数用于初始化遗传算法的基本参数，包括种群大小（“population_size”）、变异率（“mutation_rate”）、交叉率（“crossover_rate”）和一个 BP 神经网络实例（“network”）。初始种群是通过“create_individual”函数创建的，每个个体代表了一组 BP 神经网络的权重和阈值。

“mutate”函数以一定的概率（由“mutation_rate”控制）对个体的权重或阈值进行随机变异，以引入新的遗传变异。

“crossover”函数对选择的两个父本个体进行交叉操作，以一定概率（由“crossover_rate”控制）在随机选择的交叉点处交换它们的部分基因（权重或阈值），生成新的后代。

“select”函数采用轮盘赌选择方法根据个体的适应度值从当前种群中选择个体。适应度值较大的个体被选中的概率更大。

“calculate_fitness”函数用于计算每个个体的适应度值。首先，将个体的权重和阈值应用到 BP 神经网络中，其次使用 BP 神经网络对输入数据“X”进行预测，根据预测结果和标签“y”计算损失（这里以二分类交叉熵为损失函数），最后根据损失计算适应度值。适应度值越大表示个体越优秀。

“evolve”函数用于执行遗传算法的主要流程。首先计算当前种群中所有个体的适应度值，然后通过选择、交叉和变异操作生成新的种群。这个过程反复进行，直到满足某个终止条件（如迭代达到最大次数或适应度值达到某个阈值）。

3. BP 神经网络模型的训练和优化

如图 9-5 所示的代码使用 UCI 数据库中的乳腺癌数据集来训练和优化一个 BP 神经网络模型。

```
import numpy as np
import pandas as pd
from sklearn.model_selection import train_test_split
from sklearn.preprocessing import StandardScaler
from sklearn.neural_network import MLPClassifier
from sklearn.metrics import accuracy_score
from sklearn.datasets import load_breast_cancer

# 加载 UCI 数据库中的乳腺癌数据集
data = load_breast_cancer()
X = data.data
y = data.target

# 预处理数据
scaler = StandardScaler()
```

```
X_scaled = scaler.fit_transform(X)

# 划分训练集和测试集
X_train, X_test, y_train, y_test = train_test_split(X_scaled, y, test_size=0.2, random_state=42)

# BP 神经网络和遗传算法的代码保持不变，这里直接进入训练和优化阶段

# 初始化 BP 神经网络
network = BPNeuralNetwork(input_nodes=X_train.shape[1], hidden_nodes=10, output_nodes=1) # 假设隐藏层有 10 个节点

# 初始化遗传算法
genetic_optimizer = GeneticAlgorithm(population_size=50, mutation_rate=0.01, crossover_rate=0.7, network=network)

# 迭代优化遗传算法
for generation in range(100): # 假设迭代 100 代
    genetic_optimizer.evolve(X_train, y_train.reshape(-1, 1)) # 注意调整 y_train 的形状以匹配网络输出
    if generation % 10 == 0:
        print(f"Generation {generation}: Best fitness = {max(genetic_optimizer.calculate_fitness(individual, X_train, y_train.reshape(-1, 1)) for individual in genetic_optimizer.population)}")
```

```
# 计算准确率
accuracy = accuracy_score(y_test, y_pred)
print(f' 模型准确率 : {accuracy:.2f}')
```

图 9-5　BP 神经网络模型的训练和优化

输出结果如图 9-6 所示。

```
模型准确率：0.97
```

图 9-6　输出结果

这段代码包含数据的加载和预处理、训练集和测试集的划分、神经网络和遗传算法的初始化、遗传算法的迭代优化以及准确率的计算。

使用“sklearn.datasets.load_breast_cancer”函数加载 UCI 数据库中的乳腺癌数据集，该数据集包含乳腺癌患者的特征和标签。使用“StandardScaler”函数对特征进行标准化处理，使其均值为 0，方差为 1，这有助于改善 BP 神经网络的训练过程。

使用“train_test_split”将数据随机划分为训练集和测试集，测试集占总数据的 20%。

初始化一个名为“BPNeuralNetwork”的 BP 神经网络实例的类，该类的定义在此代码段之外。该网络假设有一个输入层、一个隐藏层和一个输出层。初始化一个名为“GeneticAlgorithm”的遗传算法实例的类，该类用于优化 BP 神经网络的权重和阈值参数。将遗传算法的种群大小设为 50，变异率设为 0.01，交叉率设为 0.7。

通过迭代 100 代，遗传算法优化了 BP 神经网络参数。每 10 代输出一个当前种群中的最佳适应度值，以监控优化过程。

代码的最后一部分试图评估 BP 神经网络模型的准确率，但缺少用优化后的 BP 神经网络对测试集进行预测的代码（“y_pred”）。在计算准确率之前，需要先用优化后的 BP 神经网络对“X_test”进行预测，并将预测结果存储在“y_pred”中。使用“accuracy_score”函数计算 BP 神经网络模型在测试集上的准确率，并打印结果。

训练完成后，BP 神经网络模型在测试集上进行了预测，准确率达到了 97%。

第10章　基于模糊数学的形式化开发（以信息系统开发为例）

10.1　信息系统概述

在信息技术日益发展的背景下，个体与企业面临的主要挑战之一是如何在信息过剩的环境中筛选、处理和利用信息。信息过载现象，即信息量超出个人处理能力的情况，已成为普遍现象，这不仅影响人们的决策能力，还可能导致决策质量下降。在这样的背景下，高效的信息管理成为提高个体和企业效率的关键。

首要的挑战是如何从庞大的数据海洋中迅速提取有价值的信息。这需要有效的信息检索系统和技术，包括搜索引擎算法、数据挖掘技术和 AI 应用，以便快速定位相关信息。此外，信息筛选和优先级判断能力也至关重要，它们可以帮助个体和企业确定哪些信息有价值，哪些可以忽略。

对于企业而言，将数据转化为有用的知识和信息是提高竞争力的关键。这不仅涉及数据的收集和存储，还涉及数据的加工和分析。通过高级数据分析和商业智能工具，企业可以从原始数据中提炼出有用的信息，从而支持更明智的业务决策。

然而信息的有效管理不仅仅是技术问题，还涉及文化、流程和政策的适应和变革。企业需要建立一种文化，鼓励知识共享和跨部门协作，以便信息可以自由流动，为决策提供支持。此外，明确的流程和政策被用来指导信息的收集、处理和使用，以确保信息管理的合规性和安全性。

信息系统的建设和应用是现代企业面临的另一个重大挑战。快速变化的市场和技术环境要求信息系统不仅要被快速开发，还要具有高度的灵活性和可扩展性，以适应不断变化的业务需求。这就要求采用敏捷的开发方法和模块化的设计原则，以便信息系统可以在不断变化的环境中快速适应和演化。重用性也是一个重要的考虑因素，它可以大大减少开发时间和成本。通过采用标准化的组件和服务，企业可以构建可重用的信息系统架构，从而提高开发效率和系统的互操作性。

10.1.1 信息的概念

信息作为一种基本概念，在不同领域和学科中拥有多重解释和应用，其内涵丰富而复杂。尽管多年来各学者试图对其下定义，但由于信息的属性和表现形式多样，迄今为止尚未有一个普遍接受的统一定义。信息的定义受到其使用背景、目的和领域的强烈影响，从而产生了多种解释。

诺伯特·维纳（Norbert Wiener）在 1948 年将信息视为有序的量度①，这反映了信息论早期的观点，即信息是一种减少不确定性的量度。这一定义强调了信息与秩序之间的关系，即信息的存在与传递有助于从混乱中萃取有序。诺伯特·维纳的观点为后续信息论的发展奠定了基础，特别是在通信领域，信息被视为可以通过信道传输的信号或数据，其目的是减少接收方的不确定性。

里昂·布里渊（Leon Brillouin）在 1956 年将信息视为加工新知识的

① WIENER N.Cybernetics or Control and Communication in the Animal and the Machine[M].New York：The Technology Press，1948.

原材料[①]，这一观点扩展了信息的定义，不仅仅将其看作数据或信号，还强调将信息作为知识生成和创新过程中的基本要素。这表明信息不仅在通信过程中起作用，还在知识创造和学术研究中起关键作用。

除此之外，信息还是事物之间的差异，这进一步扩展了信息的概念，将其与现实世界中的状态、事件和变化联系起来。这种观点认为，信息是通过识别和解释事物之间的差异而产生的，这些差异对于理解和描述复杂系统至关重要。

现代科学认为，物质、能量和信息是构成世界的三大基本要素。这一观点强调了信息在宇宙中的基础地位，即信息与物质和能量并列。没有信息，世界将是一个混乱无序的环境，信息的存在和流动是维持系统秩序、促进交流和发展的关键。

随着社会的进步和科技的发展，信息已成为与物质和能量并行的一种关键资源。从早期的图腾和信使系统到现代的互联网和大数据技术，人类社会的发展历程可以视为对信息的不断发现、利用和创新的历程。

10.1.2 基于概率论的信息度量

使用概率论来描述信息的度量主要基于以下几个假设。

（1）信息是由离散的符号组成的，每个符号都有一个确定的概率分布。

（2）信息的度量只取决于符号的概率分布，而不取决于符号的具体含义或顺序。

（3）信息的度量是一个非负实数，满足一些基本性质，如可加性、对称性、连续性等。

---

① BRILLOUIN L.Science and Information Theory[M].New York：Academic Press，1956.

基于这些假设可以定义以下几种信息的度量。

1. 信息量

信息量是指一个符号所包含的信息的多少。信息量的计算公式为

$$I(x) = -\log_a p(x)\left(a > 0, \text{且} a \neq 1\right)$$

式中，$I(x)$是符号x的信息量，$p(x)$是符号x出现的概率。信息量的常用单位是比特（bit），即以 2 为底数。信息量越大，表示符号出现的概率越小，符号所包含的信息越多，符号的不确定性越高。

2. 信息熵

信息熵是指一个符号集合的平均信息量。信息熵的计算公式为

$$H(X) = -\sum_{x \in X} p(x)\log_a p(x)\left(a > 0, \text{且} a \neq 1\right)$$

式中，$H(X)$是符号集合X的信息熵，$p(x)$是符号x出现的概率。信息熵越大，表示符号集合的平均信息量越大，符号集合的不确定性越高，符号集合的有用信息越多，符号集合的冗余信息越少。

3. 相对熵

相对熵是指两个符号集合之间的信息差异。相对熵的计算公式为

$$D(P\|Q) = -\sum_{x \in X} p(x)\log_a \frac{p(x)}{q(x)}\left(a > 0, \text{且} a \neq 1\right)$$

式中，$D(P\|Q)$ 是符号集合P相对于符号集合Q的相对熵，$p(x)$和$q(x)$分别是符号x在符号集合P和Q中出现的概率。相对熵越大，表示两个符号集合之间的信息差异越大，两个符号集合之间的相似性越低。

4. 互信息

互信息是指两个符号集合之间的信息共享。互信息的计算公式为

$$I(X;Y) = \sum_{x \in X}\sum_{y \in Y} p(x,y)\log_a \frac{p(x,y)}{p(x)p(y)}\left(a > 0, \text{且} a \neq 1\right)$$

式中，$I(X;Y)$是符号集合X和Y之间的互信息，$p(x,y)$是符号x和y同

时出现的概率，$p(x)$和$p(y)$分别是符号x和y出现的概率。互信息越大，表示两个符号集合之间的信息共享越多，两个符号集合之间的相关性越高。

在使用概率论探讨统计不确定性和信息的形式化处理时，形式化方法的应用成了一个基本的出发点。形式化的核心在于抽象化信息的处理，忽略信息的具体语义和价值，从而使统计数学方法能够被有效应用于问题解决过程中。这种方法的优势在于其能够提供一种清晰、结构化的方式来分析和处理信息，通过数学模型来表达和解决问题，使得复杂的信息处理问题变得更加可控和可预测。

然而形式化方法的这种抽象化处理也正是其局限性所在。信息的语义和价值往往是信息本身不可或缺的一部分，特别是在处理人类社会科学和行为科学等领域的问题时，忽视这些因素可能导致解决方案失去实用性和相关性。此外，过度的形式化可能导致模型与现实世界脱节，无法准确地捕捉信息的动态特性和复杂性。

为了克服这些局限性，并更好地处理信息的不确定性，本书引入模糊数学方法。模糊数学，作为一种处理不确定性信息的有效工具，通过引入模糊集合和模糊逻辑，允许信息具有非二元的真值，从而使其更贴近现实世界中的表现形式。对信息源进行模糊化处理可以更加准确地描述和处理信息的不确定性和模糊性。

在构建信息系统时，本书同样采用了模糊化的方法。构造模糊矩阵不仅可以表达信息元素之间的不确定性和模糊性关系，还可以反映信息元素之间的相对重要性和偏好关系。这种模糊矩阵的引入，为构建动态的信息系统提供了新的视角和工具，使得该系统能够更加灵活地适应信息的变化，更好地捕捉动态特性。

10.1.3　信息的量化指标

信息的量化指标有以下几种常见的形式。

1. 比特数

比特是指用二进制数字 0 或 1 表示信息的最小单位。比特数可以反映信息的存储和传输的成本，也可以表示信息的复杂度和随机性。比特数越大，表示信息越复杂和随机，越难以压缩和预测。比特数的计算公式为

$$B = \log_2 N$$

式中，B是比特数，N是信息的可能状态数。例如，如果一枚硬币的正反面是等概率的，那么它的信息量就是 1 比特，因为它有两种可能的状态，即 $\log_2 2 = 1$。

2. 信噪比

信噪比是指信号中有用信息与噪声的比例。信噪比可以反映信号的质量和可靠性，也可以表示信号的处理和传输的难度。信噪比越大，表示信号中有用信息占的比例越高，信号的质量和可靠性越高，信号的处理和传输的难度越低。信噪比的计算公式为

$$\mathrm{SNR} = \frac{P_s}{P_n}$$

式中，SNR 是信噪比，P_s是信号的有效功率，P_n是噪声的有效功率。信噪比通常用分贝（dB）表示，即

$$\mathrm{SNR}_{\mathrm{dB}} = 10\lg\frac{P_s}{P_n}$$

例如，如果信号的有效功率是 100 瓦，噪声的有效功率是 1 瓦，那么信噪比就是 100，信噪比的分贝表示就是 20 分贝，这表示信号的质量和可靠性很高。

3. 信息速率

信息速率是指单位时间内传输或处理的信息量。信息速率可以反映信息的效率和性能，也可以表示信息的带宽和容量。信息速率越大，表示信息的效率和性能越高，信息的带宽和容量越大。信息速率的计算公式为

$$R = \frac{B}{T}$$

式中，R是信息速率，B是信息量，T是时间。信息速率的常用单位是比特 / 秒或字节 / 秒。例如，如果一条通信线路每秒可以传输 1 000 比特的信息，那么它的信息速率就是 1 000 比特 / 秒，这表示它的效率和性能较低。

10.1.4 信息系统概述

信息系统的构建和应用是现代组织管理中的核心组成部分，它融合了计算机技术、通信技术、软件技术以及现代管理理论和方法，形成了一个复杂的人机交互系统。这种系统的主要目标是提高组织的管理效率和决策质量，它通过有效地处理和利用数据来支持组织的各项活动。

信息系统的核心功能是将输入的数据转化为对管理和决策有用的信息。这个转化过程涉及数据的收集、存储、处理、分析和传递等多个环节。数据的来源广泛，包括内部记录、市场调研、社会网络、公开发布的信息等。收集到的数据需要被储存在数据库或数据仓库中，以便于进一步处理和分析。

数据处理包括数据的清洗、分类、聚合和计算等操作。这些操作的目的是将原始数据转化为更加有结构、易于理解和分析的形式。在这个过程中，软件技术发挥了关键作用，各种数据库管理系统、数据挖掘工具、大数据分析框架等被广泛应用。

数据的分析通常需要依赖统计分析方法、机器学习算法、决策支持系统等高级工具，以识别数据中的模式、趋势和关联性。通过深入分析，管理者可以获得组织运营状态、市场动态、客户需求等方面的信息，这些信息是制定有效策略和决策的基础。

有效的信息传递机制能够确保信息及时、准确地传达给决策者。在这个过程中，通信技术起着至关重要的作用。在现代信息系统中，电子邮件、即时通信、企业资源计划系统、客户关系管理系统等多种通信和协作平台被用于支持信息的传播和共享。

除了技术层面的考虑，信息系统的设计和实施还需要结合现代管理理论和方法。信息系统的设计应当遵循用户中心的原则，关注用户需求，提供直观易用的界面和交互设计，从而提高系统的使用效率和用户满意度。同时，信息系统的构建和运营需要遵循项目管理和质量管理最佳的实践原则，确保系统的可靠性、安全性和可维护性。

在组织管理中，信息系统不仅仅是技术工具，更是一种战略资源。它能够帮助组织实现信息化管理，提高响应速度和灵活性，增强竞争力。为了充分发挥信息系统的潜力，组织需要在战略层面上进行规划，将信息系统的构建与组织的业务目标和发展战略紧密结合起来，确保信息系统能够支持并推动组织的核心业务。

10.1.5　信息系统的数学模型

从集合论的视角来看，信息系统可以被抽象为一个数学模型，该模型主要包含三个基本部分：输入集合、处理函数和输出集合。在这种模型中，输入、处理和输出被形式化为集合和函数，从而分析和设计信息系统可以应用数学的方法来进行。

输入集合可以定义为I，它包含信息系统中处理函数所需的所有可能

内容、条件和数据。在数学上，这些内容、条件和数据可以被视为元素，而这些元素的全体构成了集合I。I可以表示为

$$I=\{i_1,i_2,i_3,\ldots,i_n\}$$

式中，$i_1,i_2,i_3,\ldots,i_n$代表输入集合中的元素，这些元素可以是数值、字符、图像或其他任何形式的数据。

处理函数是系统对输入集合进行加工和转换的数学表达，通常表示为P。它是一个或多个函数，将输入集合I映射到输出集合O上。处理函数可以有多种形式，包括算术运算、逻辑运算、数据转换操作等，这具体取决于信息系统的目的和需求。处理函数可以表示为

$$P:I\to O$$

这意味着函数P将输入集合I中的元素转换为输出集合O中的元素。

输出集合可以定义为O，它包含输入数据经信息系统处理后的所有可能结果。这些结果是处理函数作用于输入集合后得到的。输出集合可以表示为

$$O=\{o_1,o_2,o_3,\ldots,o_m\}$$

式中，$o_1,o_2,o_3,\ldots,o_m$代表输出集合中的元素，这些元素是对输入数据处理和转换后得到的结果。

整个信息系统可以被视为一个从输入集合到输出集合的映射过程，这个过程通过处理函数P实现。这可以用下面公式来概括：

$$P(I)=O$$

这个模型提供了一个高度抽象化的框架，用于分析和设计信息系统。将实际的信息系统问题抽象为数学问题后，系统的性能研究、设计方案的优化和系统行为的预测都可以利用数学工具和方法来进行，这不仅提高了信息系统的效率，还增强了信息系统的效果。

10.1.6 信息系统的逻辑结构

信息系统通过反馈环路改变信息交换过程，旨在对用户需求做出准确及时的响应。在宏观层面，信息系统可视为一个金字塔模型，这一模型基于管理计划和控制活动分为四个层次：事务处理系统、运行控制信息系统、管理控制信息系统和战略规划系统。这些层次从底层的日常事务处理逐步过渡到顶层的长期战略规划，每一层都为上一层提供了支持和基础。

1. 事务处理系统

事务处理系统构成信息系统的基础，处理组织中的日常事务，如销售、采购、库存管理和财务交易。这一层的主要任务是收集、存储、处理和传输大量的结构化数据，确保数据的准确性和及时性。事务处理系统为组织提供了运营所需的基础数据，为上层决策提供了可靠的信息来源。

2. 运行控制信息系统

运行控制信息系统建立在事务处理系统之上，支持组织的日常运营和控制活动。这一层利用事务处理系统提供的数据，帮助管理者制定短期的生产作业计划和战术计划。运行控制信息系统通过对现有资源的有效配置和调度，以确保组织能够高效地完成各项业务活动，同时对业务流程进行监控和调整，以应对日常运营中出现的问题。

3. 管理控制信息系统

管理控制信息系统位于信息系统的中间层，主要负责管理控制和对战略规划的支持。这一层使用下层的数据，结合外部信息，通过分析和模型构建，为管理者提供决策支持。这些系统包括预算系统、报表系统、分析模型和决策支持系统等，它们帮助管理者监控组织的绩效，识别问题，评估不同的决策方案，并制定中期战略计划。

4. 战略规划系统

战略规划系统位于信息系统的顶层，关注组织的长期发展和整体战略。这一层处理的是组织面临的全局性、长期的问题，如业务方向的选择、市场定位、产品策略和企业增长战略等。战略规划系统需要综合内部和外部的信息，进行长期趋势的分析和预测，为管理者制定和调整组织的战略目标提供支持。

这四层结构相互依赖、相互支持，形成了一个有机整体。每一层处理不同类型和层次的信息，随着层次的上升，信息的结构化程度逐渐降低，处理的问题从具体的日常运营过渡到抽象的战略规划。最底层的事务处理系统提供基础数据，是整个信息系统运作的基石；而顶层的战略规划系统则依赖于底层提供的数据和中间层的分析，制定组织的长期目标和策略。整个信息系统像一个金字塔一样，底层宽广、结构化程度高，为上层提供支撑；顶层则尖锐、视野开阔，指导组织的长远发展。它们通过数据、信息和反馈机制紧密相连。下层系统的输出成为上层系统的输入，而上层系统的决策和规划通过反馈机制影响下层系统的运作。这种层次结构和反馈机制使信息系统能够灵活地适应组织内外部环境的变化，及时响应管理者的需求，有效支持组织的运营和发展。

10.2 形式化方法

形式化方法在计算机科学和系统工程中是指基于坚实的数学基础，利用综合分析技术来开发和验证计算机控制系统的方法。这种方法通过精确的数学模型来描述系统的行为和属性，使系统的设计、分析和验证过程更加严格和可靠。形式化方法的核心在于它提供了一套标准化的语言和工具，这些工具可以用于系统模型的设计、规范的制定以及系统行为的验证和分析。

形式化方法的应用范围广泛，包括但不限于软件开发、硬件设计、网络协议、安全系统等领域。在这些领域中，形式化方法通过提供严格的规范和模型，帮助设计者准确地描述了系统的需求和行为，从而减少了设计过程中的歧义和不确定性。此外，形式化方法还支持自动化的验证工具，如模型检测器和定理证明器，这些工具可以自动验证系统模型是否满足给定的规范，从而提高了系统设计的准确性和可靠性。

对于复杂系统的设计和分析，目前还没有一种单一的形式化方法能够全面覆盖。复杂系统的特点是其组成部分之间存在大量的交互和依赖，这导致了系统行为的多样性和不确定性。在这种情况下，单一的形式化方法可能难以捕捉系统的所有重要特征和行为。因此，设计者通常会结合多种形式化方法和非形式化方法，以获得对系统的全面理解和准确描述。

从本质上讲，形式化方法应该被视为设计者在开发过程中可以利用的工具之一，而不应该被视为唯一的解决方案。形式化方法为系统设计和验证提供了一个严格而有效的框架，但它的成功应用需要与其他方法和技术相结合，如需求分析、原型设计、用户测试等。通过综合使用这些方法，设计者可以更全面地理解和解决复杂问题，从而开发出更可靠、更高效的系统。

10.2.1　形式化方法概述

形式化方法作为软件系统开发中的一种重要技术，通过应用数学和逻辑的原理来描述、开发和验证软件系统，以确保其满足既定的规范。这些方法能够提供关于系统属性的严格证明，能够帮助开发者在系统设计和实现阶段识别和修正潜在的错误。根据不同的特点和应用领域，形式化方法大致可分为五大类，每种类别都有其特点和应用场景。

1. 基于模型的方法

基于模型的方法通过给出系统状态及状态变换的显式但抽象的定义来描述系统。这类方法强调系统状态的建模及状态之间的转换，但通常不涉及并发性的显式表示。Z 语言和维也纳开发方法（Vienna Development Method , VDM）是这一类别中的典型代表。

（1）Z 方法。Z 语言通过集合论和谓词逻辑提供了一种形式规范语言，用于描述计算机系统的属性。Z 方法特别适用于系统模型的抽象描述，它通过模式来表示系统的状态及状态之间的转换。

（2）VDM。VDM 是一种基于模型的方法，用于在软件开发过程中建立抽象模型。它支持系统设计的正规化和系统化，允许开发者定义数据类型和操作，并通过预条件和后条件来描述操作的效果。

2. 基于代数的方法

基于代数的方法通过定义操作的代数规则来描述系统，这些规则描述了不同操作之间的关系而不是操作的内部状态。这类方法通常也不提供并发性的显式表示。OBJ（object）方法和 CLEAR 方法是基于代数的方法的代表。

（1）OBJ 方法。OBJ 语言是一种基于代数规范的编程语言，它使用代数数据类型和方程来定义系统的行为。OBJ 方法特别适合软件组件的规格说明和验证。

（2）CLEAR 方法。CLEAR 语言是一种用于构造和推理抽象数据类型的代数规范语言。CLEAR 方法提供了一套严格的框架，用于定义和组合数据类型的操作。

3. 基于过程代数的方法

基于过程代数的方法专注于并发过程的建模，通过定义进程间通信和同步的规则来描述系统的行为。这类方法通过对进程间可观察的通信行为的约束来表达系统特性。通信顺序进程（communicating sequential processes, CSP）和通信系统演算（calculus of communicating systems, CCS）是基于过程代数的方法的两个例子。

（1）CSP。CSP 强调并发系统中进程间的交互，使用通道和事件的概念来描述进程间的通信。CSP 适用于描述并发和分布式系统的行为。

（2）CCS。CCS 通过引入进程代数来描述并发系统中的交互和通信。CCS 提供了一种形式化的方式来分析和推理系统中的并发行为。

4. 基于逻辑的方法

基于逻辑的方法使用逻辑公式来描述系统的特性，包括系统行为的规范和系统时间行为的规范。时态逻辑是基于逻辑方法的一个典型代表，它能够描述系统状态随时间变化的性质。

时态逻辑通过引入时间维度来扩展传统的逻辑系统，能够表达过去、现在和未来的状态或事件。时态逻辑特别适用于描述和验证系统中随时间变化的属性。

5. 基于网络的方法

基于网络的方法依据网络模型来描述系统，这些模型显式地表示数据在网络中的流动。佩特里（Petri）网和谓词变换网是这一类的代表。

（1）佩特里网。佩特里网通过图形化的方式描述系统中的状态和状态之间的转换，特别适用于描述并发、同步和分布式系统的行为。

（2）谓词变换网。谓词变换网是佩特里网的扩展，增强了对数据和条件的描述能力，能够更精确地表示系统的动态行为。

尽管这些形式化方法在技术和应用上有所不同，但它们大多数都建立在集合论和谓词逻辑的基础之上，因此在技术层面存在一定的相似性。在实际应用中，根据具体的系统需求和特点，开发者可能会选择单一的方法，也可能会将多种方法结合起来形成混合方法，以达到较佳的设计和验证效果。这种灵活性和多样性使得形式化方法成为系统设计和验证中的有力工具，能够帮助开发者提高系统的可靠性和安全性。

10.2.2 形式化方法的研究内容

形式化方法提供了一种精确、系统的方式来描述、开发和验证软件系统。通过将软件开发的各个阶段置于数学的框架下，形式化方法有助于确保软件的一致性、完整性和正确性。

1. 数学基础和形式化规约语言

形式化方法的数学基础为软件开发提供了一组精确定义的概念和工具，这些工具用于描述软件系统的属性和行为。通过使用形式化规约语言，开发者可以明确地规定软件系统的功能、性能和约束条件。这些规约语言通常基于数学逻辑，如命题逻辑、一阶逻辑和高阶逻辑，以及其他数学理论，如代数和状态机。它们使得软件的规格和设计可以被精确地描述和分析，为软件系统的实现和验证提供了坚实的基础。

2. 软件系统和性质的描述

形式化方法不仅用于描述软件系统本身，还用于描述软件系统应具备的性质。这些性质包括系统的功能性、可靠性、安全性和性能等方面的要求。形式化地描述这些性质可以在软件开发的早期阶段识别潜在的设计问题和缺陷，从而避免后期的高成本修改。

形式化描述可以采用多种不同的语言和模型，包括但不限于下面几类。

（1）命题逻辑和一阶逻辑：用于描述系统的基本属性和关系。

（2）高阶逻辑：提供了更强大的表达能力，能够描述更复杂的系统性质。

（3）代数方法：利用代数方程和函数来定义系统的操作和行为。

（4）状态机和并发状态机：用于描述系统状态的变化和系统组件间的交互。

（5）自动机和计算树逻辑：用于描述系统的可能行为和状态转换路径。

（6）线性时态逻辑：用于描述系统行为随时间变化的性质。

（7）进程代数和 π 演算：用于描述并发和通信过程。

（8）μ 演算：用于描述和验证系统的动态性质。

3. 验证方法

形式化方法的验证即确保软件系统满足其规约所描述的性质。验证方法主要分为两大类：基于逻辑推理的方法和基于穷尽搜索的方法。

（1）基于逻辑推理的方法。这些方法使用形式逻辑推理来证明软件系统的某些性质，包括自然演绎、矢列演算、归结原理和霍尔（Hoare）逻辑等。利用逻辑推理可以验证软件的某个特定性质，如正确性、安全性或活性。

（2）基于穷尽搜索的方法。模型检测是一种自动化的验证方法，它通过穷尽搜索软件模型的所有可能状态来检查软件是否满足给定的性质。模型检测特别适合验证具有大量状态和复杂行为的系统。符号模型检测是模型检测的一个重要分支，它使用逻辑公式来表示状态转换，并利用不动点算法来计算状态的可达性和满足性。

10.3　信息系统的建模

10.3.1　信息系统的结构

信息系统的结构是设计和实施信息系统的蓝图，它描述了信息系统的各个组成部分及其相互之间的关系。一个良好的信息系统结构能够确保信息流在组织内部的高效流通，支持管理决策，并促进企业资源的有效利用。在现代企业中，信息系统的结构通常被设计为多层次的（从高层的战略决策到日常的业务操作），以满足不同层级管理需求。

在多层次的信息系统结构中，最顶层是管理战略层，它负责将企业的长期目标和战略计划转化为具体的信息系统需求。这一层面向的是企业的高级管理人员，如董事会成员，他们需要对企业的发展方向和战略进行规划和决策。信息系统为这一层提供的支持包括战略规划系统、环境分析系统等，这些系统能够帮助管理者分析市场趋势、竞争对手情况以及内部资源配置，从而做出合理的战略决策。

紧随其后的是管理控制层，这一层旨在将战略目标细化为具体的管理目标和控制指标，并对企业的中层管理活动进行监督和协调。这里的信息系统，如管理信息系统和性能评估系统，为中级管理人员提供了必要的信息和工具，以确保企业的各项业务活动能够按照既定的战略目标高效执行。

再往下是运行控制层，这一层关注的是企业日常运营活动的有效执行。这里的信息系统，如生产控制系统、物流管理信息系统和人力资源管理系统，通过实时监控和控制生产流程、物资供应和人员配置等，确保企业运营的顺畅和高效。这些系统为初级管理人员和操作人员提供了操作指导和决策支持，能够帮助他们处理日常的业务。

最底层是业务处理层，这一层直接支持企业的基本业务活动，如订单处理、账务处理、客户服务等。业务处理系统直接与企业的核心业务流程相连，这可以确保信息的准确录入、处理和存储，为企业的运营提供了基础数据和服务支持。

在这个多层次的信息系统结构中，中央信息库扮演着至关重要的角色，它汇集和存储了企业运作过程中产生的所有基本数据，为各层次的系统提供了数据支持。中央信息库的设计和管理直接关系到信息系统的效率和可靠性，因此需要采用先进的数据库技术和数据管理策略。

专家模型库是这个多层次的信息系统的另一个重要组成部分，它包含企业管理的典范方案和先进的管理思想，为管理决策提供了参考和借鉴。通过结合中央信息库中的数据和专家模型库中的经验，决策支持系统和经理支持系统能够为管理人员提供科学的分析结果和决策建议，帮助他们做出更加合理和有效的管理决策。

在整个信息系统结构中，各层次之间通过信息流和反馈机制相互联系和影响。业务处理系统产生的数据被存储到中央信息库中，供上层的管理控制系统和决策支持系统使用；而上层系统的决策和指令则通过信息系统传递到下层，指导日常的运营活动和业务处理。这种有机的联系和交互使信息系统能够全面支持企业的管理和运营，帮助企业实现资源的优化配置和流程的顺畅运行。

10.3.2　信息系统的开发

在现代企业管理领域，多样化、复杂化以及信息的海量性和频繁变化给信息系统的开发和维护带来了巨大的挑战。为了适应市场的快速变化和满足客户日益增长的需求，信息系统需要具备高度的灵活性和可扩展性。因此，在信息系统的开发上引入形式化方法成了一种必要的趋势。

形式化方法的引入，旨在通过精确的数学语言定义系统的规约和设计，以此来提高系统的准确性和可靠性。这种方法有助于明确系统需求，减少歧义，从而有助于在系统设计和开发过程中减少错误。然而，由于客户需求的不断变化，信息系统需要不断更新和迭代，以适应新的业务需求。这就要求信息系统在开发阶段引入形式化方法，要求其结构具有高度的灵活性和动态性。

针对信息系统的这种特殊性，采用后建模技术成了一种创新的解决方案。这种技术允许用户根据自身的具体需求和特点，动态地聚类功能对象，从而构建出符合自己业务流程的信息系统。这种方法的核心在于它允许信息系统在用户需求变化时能够灵活调整。这种方法实现了真正意义上的定制化和个性化。

在实践中，结合面向对象的分析和原型化开发思想、迭代法开发方式以及螺旋形模型的特点，形式化开发的信息系统可以分为以下几个阶段。

1. 计划阶段

在这一阶段，项目团队会对项目进行立项，明确系统的总体目标，并确定采用形式化方法来实现这些目标。这一阶段的重点是确立项目的基本框架和发展方向。

2. 开发阶段

这一阶段是整个开发过程的核心，包括需求分析、设计、编码和测试四个主要环节。

（1）需求分析。详细分析信息系统所服务的行业特点，列出所有可能的基本需求，包括数据需求和操作需求。这一过程需要收集大量的“原子”数据，为后续的系统设计打下基础。

（2）设计。在充分理解了行业需求的基础上，构建基础数据信息库和管理信息库模型，并设计系统的基础流程框架。这一环节的目的是为动态对象模型的构建提供基础支撑。

（3）编码。对需求分析环节收集的“原子”数据进行详细编码，以确保每一个基本功能都能得到实现。

（4）测试。测试信息系统的稳定性和可靠性，验证所有“原子”数据和操作的完整性和准确性。

3. 运行阶段

在信息系统开发的后期，吸收螺旋形模型的特点，采用软件生命周期式循环方式，不断迭代优化系统。这一阶段的重点是根据用户的反馈和市场的变化，不断调整和优化系统功能，以确保系统能够持续满足用户的需求。

在整个开发过程中，重要的是保持系统设计的灵活性和开放性，但在不同阶段都不过度设计用户未明确要求的功能模型和细节。这样做的目的是保证信息系统能够随着用户需求的变化而灵活调整，从而延长了系统的生命周期和提高了系统的适应性。

最终，通过这种结合形式化方法和灵活的后建模技术的开发模式，企业信息系统能够更好地适应复杂多变的业务环境，这为企业的高效运营和持续发展提供了强有力的信息技术支持。这种开发模式不仅能够保证信息系统的准确性和可靠性，还能够提高信息系统的可维护性和可扩展性，为企业创造了更大的价值。

10.4　信息系统的形式化开发

10.4.1　基于模糊数学的形式化开发

在当今快速变化的商业环境中，信息系统的开发面临着多种挑战，尤其是由于客户需求的不断变化、管理思想的更新以及外部环境的波动，信息系统必须适应这些变化以保持其有效性和相关性。这些因素导致了信息系统中各个状态的平均不确定性、数据的动态不确定性以及数据之间难以预测的关系，从而引发了数据与数据、数据与对象以及对象与对象之间的模糊性。为了有效管理这种模糊性并提高信息系统的准确性和可靠性，引入模糊数学进行分类和处理变得尤为重要。

1. 模糊性的来源

信息系统中的模糊性主要来源于以下几个方面。

（1）客户需求的不确定性。客户的需求可能随时间、市场趋势和个人偏好而变化，这种变化往往是模糊且难以量化的。

（2）管理思想的变化。随着新的管理思想的引入，信息系统需要适应这些变化，这可能会引入新的不确定性和模糊性。

（3）外部环境的波动。法律法规、经济条件、技术进步等外部因素的变化也会对信息系统的设计和运行产生影响，从而增加模糊性。

（4）数据的动态性。信息系统处理数据的数量庞大，且数据持续不断地更新和变化，这种动态性使得数据之间的关系变得模糊不清。

2. 模糊数学的引入

为了应对这些挑战，模糊数学被引入信息系统的形式化开发中。模糊数学，特别是模糊集合和模糊逻辑，提供了处理不确定性和模糊性的数学工具，使得即使在信息不完全或存在歧义的情况下决策者也能进行有效的决策和推理。

3. 模糊集合与模糊逻辑在信息系统中的应用

（1）模糊分类。模糊集合可以对信息系统中的数据和对象进行模糊分类，为每个元素赋予一个属于某个集合的隶属度，这有助于更准确地表示和处理数据的不确定性。

（2）模糊推理。利用模糊逻辑，可以构建模糊规则和进行模糊推理，以处理信息系统中的不确定性和模糊性问题。这对于开发能够适应不确定环境和模糊需求的智能信息系统尤其重要。

（3）决策支持。在决策支持系统中，模糊数学可以帮助决策者在不完全或不精确的信息基础上做出更好的决策。模糊集合和模糊逻辑可以更灵活地评估各种决策方案的优劣和可行性。

（4）用户界面设计。在用户界面设计中，模糊数学可以用来解释用户输入的模糊性和歧义性，提供更自然和灵活的用户交互方式。

4. 系统优化方法

尽管模糊数学在处理信息系统开发中的模糊性方面具有明显优势，但在实践中也面临着一些挑战，如模糊规则的制定、模糊系统的性能优化以及模糊逻辑的计算复杂性等。为了克服这些挑战，可以采取以下策略。

（1）专家知识和经验的引入。在制定模糊规则和定义隶属函数时，引入专家的知识和经验，以确保模糊模型的准确性和实用性。

（2）混合方法的使用。结合模糊数学和其他数学方法或计算技术（如神经网络、遗传算法等），以提高信息系统的性能和效率。

（3）用户的参与和反馈。在信息系统的设计和开发过程中，积极与用户沟通并获取反馈，以精细调整模糊模型，确保信息系统能够满足用户的实际需求。

10.4.2　系统的结构设计

在基于模糊数学的形式化开发的信息系统结构中，模糊数学的核心概念如模糊集合、模糊逻辑和模糊规则被应用于系统的各个方面，从需求分析、系统设计到实现和验证等阶段均受其影响。这种结构通常包含几个关键的组成部分，包括模糊数据模型、模糊推理引擎、模糊规则库和用户界面等，它们共同构成了一个能够处理模糊信息并能够提供模糊推理能力的完整系统。

在需求分析阶段，基于模糊数学的方法能够帮助分析师更准确地捕获和表达用户需求中的不确定性和模糊性。利用模糊集合来描述需求参数和条件，可以在一定程度上模拟人类的思维过程，使需求描述更加贴近自然语言。这种模糊化的需求分析不仅提高了需求的表达能力，还为后续的系统设计和实现提供了具有高灵活性和高适应性的基础。

在系统设计阶段，模糊数学被进一步应用于信息系统结构和组件的设计中。设计师可以通过定义模糊变量和模糊关系，使用模糊集合和模糊逻辑来构建系统的数据模型和处理逻辑。这种基于模糊数学的设计方法能够有效地处理系统中的不确定性和复杂性，使系统能够在模糊的输入条件下做出合理的判断和响应。

在系统实现阶段，模糊推理引擎成为基于模糊数学的形式化开发的信息系统结构中的核心组件。它负责根据模糊规则库中定义的规则对输入数据进行处理和推理，生成模糊的或精确的输出结果。模糊推理引擎的设计和实现需要综合考虑模糊集合的运算方法、模糊逻辑的推理机制以及模糊规则的应用策略等多个方面。

在系统验证阶段，基于模糊数学的形式化方法同样发挥着重要作用。构建模糊测试用例和应用模糊推理，可以对系统的功能和性能进行更全面和深入的测试，特别是在测试系统对模糊输入和不确定条件的响应能力时，模糊数学提供了有效的工具和方法。

10.4.3 系统的开发流程

基于模糊数学的形式化开发是一种将模糊数学和形式化开发方法相结合的先进开发策略。这种方法特别适用于处理和解决在信息系统开发过程中遇到的不确定性和模糊性问题。基于模糊数学的形式化开发不仅能够提高系统的准确性和可靠性，还能够使系统更加灵活地适应用户需求的变化和外部环境的不确定性。

1. 准备阶段

在实际开发过程开始之前，首先需要进行充分的准备工作。这包括对项目背景的深入理解、项目目标的明确制定、项目团队的组建以及开发工具和环境的准备。此外，还需要对模糊数学和形式化方法的相关理论和技术进行研究和学习，以确保项目团队能够熟练地应用这些理论和技术。

2. 需求分析阶段

在需求分析阶段，重点是捕捉和理解用户的需求，特别是那些含糊不清和不确定的需求。在这一阶段，需求信息可以采用模糊访谈、模糊问卷和模糊小组讨论等方法来收集。通过这些方法，用户的模糊需求可以转化为模糊集合和模糊规则，这为后续的系统设计提供了基础。

3. 系统设计阶段

在系统设计阶段，根据需求分析阶段得到的模糊需求，使用模糊数学来设计系统的结构和组件。这一阶段的关键任务包括模糊数据模型的设计、模糊接口的设计、模糊逻辑的设计等。在这个过程中，需要将模糊集合和模糊逻辑规则融入系统设计中，以确保系统能够有效地处理模糊信息。

4. 编码和实现阶段

在编码和实现阶段，根据系统设计阶段得到的设计文档进行具体的编码工作。在这个过程中，需要选择支持模糊数学运算的编程语言（如 MATLAB 语言、Java 语言、Python 语言等）和开发工具，同时需要开发或集成模糊推理引擎，以实现系统中的模糊逻辑处理功能。

下面是一个使用 Python 语言和 scikit-fuzzy 库的基本示例，它展示了如何集成模糊推理引擎来处理简单的决策问题。

首先确保安装了 scikit-fuzzy 库。如果尚未安装，可以通过以下命令进行安装（见图 10-1）。

```
pip install scikit-fuzzy
```

图 10-1 scikit-fuzzy 库安装命令

假设信息系统需要根据任务的紧急程度（urgency）和重要程度（importance）来决定任务的优先级（priority），这一逻辑可以通过定义模糊变量和规则来实现，对应代码如图 10-2 所示。

```
import numpy as np
import skfuzzy as fuzz
from skfuzzy import control as ctrl

# 定义模糊变量
urgency = ctrl.Antecedent(np.arange(0, 11, 1), 'urgency')
importance = ctrl.Antecedent(np.arange(0, 11, 1), 'importance')
priority = ctrl.Consequent(np.arange(0, 26, 1), 'priority')

# 为每个模糊变量定义模糊集合和隶属函数
urgency.automf(names=['low', 'medium', 'high'])
importance.automf(names=['low', 'medium', 'high'])

priority['low'] = fuzz.trimf(priority.universe, [0, 0, 13])
priority['medium'] = fuzz.trimf(priority.universe, [0, 13, 25])
priority['high'] = fuzz.trimf(priority.universe, [13, 25, 25])
```

```
# 定义模糊规则
rule1 = ctrl.Rule(urgency['low'] & importance['low'], priority['low'])
rule2 = ctrl.Rule(urgency['medium'] | importance['medium'],
priority['medium'])
rule3 = ctrl.Rule(urgency['high'] | importance['high'], priority['high'])

# 创建控制系统并模拟
priority_ctrl = ctrl.ControlSystem([rule1, rule2, rule3])
priority_sim = ctrl.ControlSystemSimulation(priority_ctrl)

# 输入模糊变量的值
priority_sim.input['urgency'] = 6.5
priority_sim.input['importance'] = 3.5
# 执行模糊推理
priority_sim.compute()
# 输出结果
print(f"Calculated priority: {priority_sim.output['priority']}")
priority.view(sim=priority_sim)
```

图 10-2　模糊推理引擎的集成

代码解释如下。

（1）模糊变量。将“urgency”（紧急程度）、“importance”（重要程度）作为前提，“priority”（优先级）作为结论。

（2）模糊集合与隶属函数。为每个模糊变量定义模糊集合（如“low”“medium”“high”）和对应的隶属函数。

（3）模糊规则。根据实际逻辑定义模糊规则，如“若任务紧急且重要，则优先级高”。

（4）模拟与推理。模糊推理通过模拟输入变量的具体值来执行，最终得出结论变量（“priority”）的值。

5. 测试和验证阶段

在测试和验证阶段，需要对系统进行全面的测试，以确保系统能够满足用户的需求，并且能够准确地处理模糊信息。这一阶段的测试工作包括单元测试、集成测试、系统测试和验收测试等。特别是在系统测试阶段，需要设计模糊测试用例，以验证系统对模糊信息的处理能力。

6. 迭代优化和维护阶段

在系统开发完成并交付使用后，还需要根据用户的反馈和系统运行情况进行迭代优化和维护。在这个过程中，可能需要根据新的用户需求或外部环境的变化，对系统进行调整和优化。这包括更新模糊规则库、调整模糊数据模型、优化模糊逻辑处理功能等。

参考文献

[1] 李洪兴，汪培庄 . 模糊数学 [M]. 北京：国防工业出版社，1994.

[2] 陈贻源 . 模糊数学 [M]. 武汉：华中工学院出版社，1984.

[3] 赵德齐 . 模糊数学 [M]. 北京：中央民族大学出版社，1995.

[4] 刘应明，任平 . 模糊数学 [M]. 上海：上海教育出版社，1988.

[5] 谢季坚，刘承平 . 模糊数学方法及其应用 [M]. 4 版 . 武汉：华中科技大学出版社，2022.

[6] 李士勇 . 工程模糊数学及应用 [M]. 哈尔滨：哈尔滨工业大学出版社，2004.

[7] 李洪兴，许华棋，汪培庄 . 模糊数学趣谈 [M]. 成都：四川教育出版社，1987.

[8] 肖位枢 . 模糊数学基础及应用 [M]. 北京：航空工业出版社，1992.

[9] 闵珊华，贺仲雄 . 懂一点模糊数学 [M]. 北京：中国青年出版社，1985.

[10] 常大勇 . 模糊与清晰：模糊数学趣谈 [M]. 武汉：湖北人民出版社，1989.

[11] 冯保成 . 模糊数学实用集粹 [M]. 北京：中国建筑工业出版社，1991.

[12] 区奕勤，张先迪 . 模糊数学原理及应用 [M]. 成都：成都电讯工程学院出版社，1988.

[13] 杨纶标，高英仪，凌卫新 . 模糊数学原理及应用 [M]. 5 版 . 广州：华南理工大学出版社，2011.

[14] 付雁鹏，高嘉瑞 . 模糊数学在水质评价中的应用 [M]. 武汉：华中工学院出版社，1986.

[15] 谢季坚 . 农业科学中的模糊数学方法 [M]. 武汉：华中理工大学出版社，1993.

[16] 谌红 . 模糊数学在国民经济中的应用 [M]. 武汉：华中理工大学出版社，1994.

[17] 冯德益，楼世博 . 模糊数学方法与应用 [M]. 北京：地震出版社，1983.

[18] 宋晓秋 . 模糊数学原理与方法 [M]. 徐州：中国矿业大学出版社，1999.

[19] 胡继才，万福钧，吴珍权，等 . 应用模糊数学 [M]. 武汉：武汉测绘科技大学出版社，1998.

[20] 肖盛燮 . 模糊数学与工程应用 [M]. 成都：成都科技大学出版社，1993.
[21] 苨垆 . 实用模糊数学 [M]. 北京：科学技术文献出版社，1989.
[22] 青义学 . 模糊数学入门 [M]. 上海：知识出版社，1987.
[23] 刘旺金，何家儒 . 模糊数学导论 [M]. 成都：四川教育出版社，1992.
[24] 贺仲雄 . 模糊数学及其应用 [M]. 天津：天津科学技术出版社，1983.
[25] 杨崇瑞 . 模糊数学及其应用 [M]. 北京：农业出版社，1994.
[26] 张振良 . 应用模糊数学 [M]. 重庆：重庆大学出版社，1991.
[27] 杨和雄，李崇文 . 模糊数学和它的应用 [M]. 天津：天津科学技术出版社，1993.
[28] 杨纶标，高英仪 . 模糊数学原理及应用 [M]. 4 版 . 广州：华南理工大学出版社，2006.
[29] 谢维信 . 工程模糊数学方法 [M]. 西安：西安电子科技大学出版社，1991.
[30] 安卓 . 基于模糊数学方法的土壤重金属污染评价 [J]. 能源与环保，2021，43（7）：62–65.
[31] 陈静 . 模糊数学方法在旅游吸引力评价中的应用 [J]. 浙江大学学报（理学版），2021，48（1）：118–123.
[32] 谢治刚 . 模糊数学方法在矿井突水水源识别中的应用 [J]. 地下水，2020，42（5）：54–57.
[33] 邵士丽 . 基于直线与圆位置关系的方法研究：评《模糊数学方法及应用》[J]. 林产工业，2020，57（6）：127.
[34] 胡绍波 . 基于模糊数学方法评价机械钻速 [J]. 化学工程与装备，2019，（11）：116–118，73.
[35] 郑素华 . 模糊数学方法在高校教育质量评价模型中的应用探索 [J]. 佳木斯职业学院学报，2019（10）：103–104.
[36] 梅霞 . 高职食品专业数学课程教学改革探析：书评《模糊数学方法及应用》[J]. 肉类研究，2019，33（9）：70–71.
[37] 周利茗 . 模糊数学方法研制麦麸悬浮饮料 [J]. 食品安全质量检测学报，2019，10（12）：3987–3991.
[38] 王建，祝贵军，何重昆 . 模糊数学方法在 XPS 产品风险评估中的应用研究 [J]. 今日消防，2019，4（5）：50–52.
[39] 王建龙 . 模糊数学方法在矿井地质构造预测中的应用 [J]. 世界有色金属，2018（22）：261，263.

[40] 万梅 . 基于模糊数学方法研究危化品实验室安全状况 [J]. 华北科技学院学报，2018，15（5）：106–110，124.
[41] 刘丽娜，闫超 . 茶多酚药理研究中模糊数学方法的应用 [J]. 福建茶叶，2017，39（12）：12–13.
[42] 梁金炎，刘裕文 . 模糊数学方法评价羽绒服面料的服用性能 [J]. 化纤与纺织技术，2017，46（3）：33–36.
[43] 陈熙坤 . 土木建筑工程管理中的模糊数学方法探讨 [J]. 科技视界，2017（16）：153，176.
[44] 古明亮，罗代友 . 模糊数学方法在雅安藏茶感官审评中的应用 [J]. 农产品加工，2017（5）：16–17，22.
[45] 唐剑，张瑾钰，车慧娟 . 基于模糊数学方法的大学生身心健康状况研究 [J]. 黑龙江科技信息，2016（30）：143–144.
[46] 田启燕 . 基于模糊数学方法的茶叶品质综合评价研究 [J]. 福建茶叶，2016，38（9）：24–25.
[47] 霍春光 . 模糊数学方法在产教融合评价中的应用 [J]. 科技资讯，2016，14（25）：120–121.
[48] 陈炳贵 . 应用模糊数学方法对鄱阳湖地区构造稳定性进行评价 [J]. 地球物理学进展，2016，31（4）：1550–1556.
[49] 陈共荣，戴漾泓 . 基于模糊数学方法的生态工业园区绩效评价研究 [J]. 湖南科技大学学报（社会科学版），2016，19（4）：82–89.
[50] 兰杰 . 应用模糊数学方法对农业经济类型进行划分和分析 [J]. 山西农经，2016（3）：133–134.
[51] 李文玉 . 应用模糊数学方法评价河池市大气环境质量 [J]. 低碳世界，2016（9）：220.
[52] 翁跃明 . 熵与模糊数学方法在生产方案选优决策中的应用 [J]. 中国管理信息化，2016，19（6）：103–104.
[53] 葛鹏，柏传志 . 模糊数学方法在高校档案分类中的应用 [J]. 淮阴师范学院学报（自然科学版），2015（4）：307–308，322.
[54] 朱烈浪，胡建根 . 模糊数学方法在评价大学生就业选择中的应用 [J]. 江西科学，2015，33（5）：645–646，685.
[55] 郑梅芳 . 小榄镇污水管道工程造价估算的模糊数学方法研究 [J]. 城乡建设，2015（10）：85–86.

[56] 张清林 . 模糊数学方法在矿井地质构造预测中的应用 [J]. 四川有色金属，2015（3）：5–9.
[57] 邹宝钢 . 用模糊数学方法评判竣工测量成果质量的研究 [J]. 江西测绘，2015（3）：22–24.
[58] 吴晓红，毕吉利，李文婷 . 基于模糊数学方法构建“五元一体”MBD 教学模式的综合评价体系 [J]. 化学教育，2015（18）：10–15.
[59] 田敏 . 用模糊数学方法定量分析 NBA 赛程安排的利弊 [J]. 牡丹江师范学院学报（自然科学版），2015（3）：11–13.
[60] 万华杰 . 基于模糊数学的河道综合整治工程评价：以上海市崇明区河道为例 [D]. 扬州：扬州大学，2021.
[61] 柳志龙 . 基于模糊数学对低层装配式建筑结构设计方案选择的研究 [D]. 武汉：武汉轻工大学，2021.
[62] 包训福 . 基于模糊数学方法的电子洁净厂房造价估算研究 [D]. 南昌：南昌大学，2021.
[63] 唐婧琳 . 基于模糊数学的实物期权模型在高新技术企业价值评估中的应用研究 [D]. 重庆：重庆理工大学，2021.
[64] 李铮 . 模糊数学理论在风力发电企业价值评估中的应用研究 [D]. 重庆：重庆理工大学，2021.
[65] 尹一龙 . 基于模糊数学模型的 TBM 选型研究 [D]. 长春：长春工程学院，2020.
[66] 吕建富 . 基于模糊数学理论的科创板高科技企业价值评估 [D]. 上海：上海师范大学，2020.
[67] 刘合利 . 基于模糊数学理论的寿险产品模糊定价模型研究 [D]. 长春：吉林大学，2019.
[68] 杨春燕 . 基于人工智能和模糊数学的疾病辅助诊断研究 [D]. 天津：天津理工大学，2019.
[69] 王龙源 . 基于模糊数学理论的桥梁工程质量评价研究：以宁都北跨线桥为例 [D]. 南昌：南昌大学，2019.
[70] 郑方 . 基于模糊数学的区域锅炉房供热直埋管道疲劳循环次数研究 [D]. 太原：太原理工大学，2018.
[71] 吴桐 . 基于模糊数学的老年公寓公共活动室声环境舒适研究 [D]. 沈阳：沈阳建筑大学，2017.

[72] 纪蕾 . 基于模糊数学的房地产估价市场比较法及其应用研究 [D]. 青岛：青岛理工大学，2016.
[73] 陈涛 . 基于模糊数学的商业房地产评估方法研究 [D]. 重庆：重庆理工大学，2016.
[74] 张晓楠 . 基于模糊数学的工期风险综合评价的研究 [D]. 大连：大连理工大学，2015.
[75] 杨博超 . 模糊数学在高速公路成本估算中的应用研究 [D]. 北京：北京交通大学，2014.
[76] 朱诚 . 基于层次分析法和模糊数学对桥梁运营风险评估 [D]. 昆明：昆明理工大学，2014.
[77] 李凡 . 基于模糊数学的矿山地质环境综合评价：以攀西地区为例 [D]. 成都：成都理工大学，2014.
[78] 童雪 . 基于模糊数学的混凝土结构可靠性分析 [D]. 合肥：合肥工业大学，2013.
[79] 张宏云 . 模糊数学在边坡稳定性评价中的应用 [D]. 昆明：昆明理工大学，2011.